西安航空职业技术学院规划教材建设基金资助

高 等 职 业 教 育 "十 二 五" 规 划 教 材

网页设计与制作

主　编　王　艳　陈卫卫

副主编　韩银锋　许大伟

主　审　尉鹏博

北京理工大学出版社

BEIJING INSTITUTE OF TECHNOLOGY PRESS

图书在版编目（CIP）数据

网页设计与制作／王艳，陈卫卫主编．—北京：北京理工大学出版社，2015.4

ISBN 978 - 7 - 5682 - 0325 - 8

Ⅰ.①网… Ⅱ.①王…②陈… Ⅲ.①网页制作工具 - 高等学校 - 教材

Ⅳ.①TP393.092

中国版本图书馆 CIP 数据核字（2015）第 048763 号

出版发行／北京理工大学出版社有限责任公司	
社　　址／北京市海淀区中关村南大街 5 号	
邮　　编／100081	
电　　话／（010）68914775（总编室）	
82562903（教材售后服务热线）	
68948351（其他图书服务热线）	
网　　址／http：//www.bitpress.com.cn	
经　　销／全国各地新华书店	
印　　刷／北京京华虎彩印刷有限公司	
开　　本／787 毫米×1092 毫米　1/16	
印　　张／16.75	责任编辑／张慧峰
字　　数／389 千字	文案编辑／张慧峰
版　　次／2015 年 4 月第 1 版　2015 年 4 月第 1 次印刷	责任校对／孟祥敬
定　　价／36.00 元	责任印制／马振武

前　　言

随着网络信息技术的飞速发展，网络传媒已经被越来越多的企业重视，而网站就是传媒最常用的方式之一。目前有很多企业都在开发属于自己的网站，所以掌握网页设计的基本技能，胜任网页设计的相关工作，对每一个网页设计爱好者来说显得尤为重要。

本书在内容上力求突出实用、简单生动的特点。通过对本书的学习，读者对网页设计将有一个全面的了解，并能掌握静态页面制作的全过程，设计制作出满意的网页。

本书作为高职高专教学用书，是根据当前高职高专学生和教学环境的现状，结合职业需求，采用"工学结合"的思路，以"项目引领""任务驱动"的形式，在 Dreamweaver 的环境中，从开始整理网站需求，到网站中每个网页的制作，一步步地引领读者完成整个网站的设计与制作。

本书以一个比较完整的静态网站设计贯穿始终，内容从网站的需求分析、建立过程到网站的发布与测试，将实际工作中网站设计的主要环节都体现在其中。通过本书的学习，读者不仅能掌握网页设计制作软件的使用技能，还能熟练掌握网页设计的各个环节所完成的任务以及具体做法，从而为实际工作奠定坚实的基础。

全书共分为 9 个学习情境。学习情境 1 是网站初识，主要包括网页设计的基本概念、基本原理以及 HTML 中常用的标记；学习情境 2 是网站需求分析，主要包括网站的开发流程、开发要点、常用开发工具、网站的需求分析过程、需求分析说明书的书写；学习情境 3 是网站模板设计，主要包括模板的制作过程，以及 CSS 样式；学习情境 4 是网站首页设计，主要包括首页的设计过程，以及涉及的盒子模型、布局模型等知识点；学习情境 5 是日志页面设计，主要包括日志页面的设计过程，以及表格的相关知识；学习情境 6 是音乐页面设计，主要包括了页面中多媒体元素的添加，以及如何设置滚动字幕、如何添加 javascript 文件等；学习情境 7 是相册页面设计，主要包括了相册页面的首页设计，以及采用框架方式设计页面的相关知识点；学习情境 8 是注册页面设计，主要包括了注册页面的设计过程，以及表单、如何产生验证码、如何检查验证输入信息等相关知识点；学习情境 9 是网站发布与测试，主要包括如何将网站发布到互联网上，以及如何测试网站是否可以正常浏览等。

本书由西安航空职业技术学院王艳、陈卫卫、许大伟、韩银锋编写，由西安航空职业技术学院尉鹏博主审。其中学习情境1和学习情境2由韩银锋编写，学习情境3~5由王艳编写，学习情境6~8由陈卫卫编写，学习情境9由许大伟编写。

由于编者水平有限，书中难免会出现疏漏和错误，恳请广大读者提出宝贵意见。

编　者

目　　录

学习情境 1　网站初识

网站作为一种信息的载体，在人们的生活中发挥着越来越重要的作用，网上聊天留言、网上会议、网上银行、网上购物现在都变得司空见惯。制作个人网站已经成为一种时尚，现在有很多人都把自己的留言、日志、照片放在网站上和朋友一起分享。

制作一个简单的个人网站并不是什么难事，只要具备一些基本的网站制作知识就可以做到了。

学习目标

本学习情境主要是让读者掌握网站的基本概念。通过本学习情境的学习，读者需要掌握以下知识点：

1. 掌握网站的基本概念；
2. 掌握网站的工作原理；
3. 熟悉 HTML 的常用标记。

1.1　网站的基本概念

在互联网的时代，网站制作不只是单纯的技术性问题。特别是模板网站的出现使得只要会打字每个人都能制作出简单的网站。网站制作包括逻辑思维、文字内容表达、美工设计等因素。不管是个人网站还是企业网站，都必须从内容这个出发点考虑，最终通过美观大方、操作简单、内容有价值的网页来吸引更多的用户访问。

网站要求美观、简洁。网络公司的设计师会根据页面风格以及网站对象，运用醒目的Logo、新颖的画面、美观的字体、炫酷的特效来给网站用户以非常美的感受。简洁的页面设计和网页代码能让浏览者在访问网站时速度更快、体验更好。所以在制作网站时，把图片、样式、内容、动画和代码等分离出网页能够提高网站的打开速度。

网站的制作其实就像写作文一样，需要我们留心观察、精心规划、用心思考，需要我们多观察别人的网站是怎么做的，有什么优缺点，吸取百家之长。

在制作网站之前，先让我们了解一下网站的基本概念。

1. IE

IE——Internet Explorer，是微软公司推出的一款网页浏览器，是对 HTML 语言进行解释执行的软件。在 IE 地址栏中输入网站地址就可以浏览网页。

2. 互联网

互联网——也叫因特网，它是全球范围内的计算机互联网络，是一个巨大的信息资源宝库。将计算机网络互相连接在一起的方法可称作"网络互连"，在这基础上发展出覆盖全世界的全球性互联网络，称为互联网。人们可以在互联网上查找资料，也可以利用它收发邮件、浏览新闻、传输文件、播放音视频文件，等等。

3. Net

Net——多台计算机通过一定的设备（网卡、网线、HUB）连接到一起，就构成计算机网络，如常用的局域网（以太网、令牌网等）。

4. internet

internet——将多个 net 通过路由器或网桥之类的设备连接到一起，就构成 internet。

5. Internet

Internet——首字母大写，特指某一个 internet，这个 internet 就是全世界都在使用的国际互联网，Internet 是 internet 的一个实例。

6. WWW

WWW——World Wide Web。Internet 可以狭义地理解为"设施"，即将全世界的计算机连接起来的这些网络设备的总和，而 WWW 是这个物质基础上的"精神"，即很多具体功能的集合。很多时候，人们把 WWW 同 Internet 等同起来，这是由当今的客观现实决定的，因为现在 WWW 几乎成了 Internet 的全部。但是，从原理上说，完全可以以 Internet 为基础，构造 WWW 之外的系统。严格地说，像 ICQ、IRC 之类的服务就是 WWW 之外的 Internet。Internet 的基础是 TCP/IP，WWW 的基础是 HTTP，所以 WWW 只是 Internet 的一个子集。

7. Web

Web——"网"。人们把 WWW 简称为 Web。

8. TCP/IP

TCP/IP——Internet 的技术基础。Internet 是全世界计算机的联合体，计算机通过通信或者"交流"联系在一起。交流的基础就是共同的语言，如果你说英语，我说中文，各说各的，那就没办法交流。规定共同语言的词汇、语法、语义等要素的东西就叫做协议。有了 TCP/IP，不同的计算机才可以互相交流，不受不同 CPU、不同 OS 的影响。

9. HTTP

HTTP——超文本传输协议。TCP/IP 只是机器之间交流的语言，而人类构造互联网的最终目的是为了让人类也能够通过互联网进行交流。HTTP 协议本身也不是面向人类的，但在 HTTP 协议的基础上实现的应用程序对人类是友好的。最著名的应用程序就是浏览器，最重要的协议就是 HTTP 协议，此外还有邮件应用（SMTP、POP 等）、FTP 应用（FTP）等。

10. HTML

HTML——超文本标记语言（Hyper Text Mark-up Language）的简称。使用 HTML 编写的文档（网页）可以通过万维网浏览器查看。

11. 浏览器

浏览器——安装在客户端计算机上的应用软件，如 Microsoft 的 Internet Explorer（IE）、Netscape 的 Navigator、百度浏览器和 360 浏览器等。浏览器读取 HTML 源代码（程序）并按指令显示页面。

12. URL

URL——统一资源定位器（Uniform Resource Locator），是网页地址的意思。互联网是由很多的 URL 组成的。每一个网页都有只属于自己的 URL 地址（俗称网址），它具有全球唯一性。正确的 URL 应该是可以通过浏览器打开一个网页的，但有时候无法打开并不能说明这个 URL 是错误的，如：不能打开 http://www.Facebook.com 这个 URL，但它是正确的，只不过中国内地不能访问而已。上网浏览网页时，鼠标点击就是连接到不同 URL 的过程，在这个过程中 URL 都会显示在浏览器的地址栏里。

13. 网站

网站——由许多相互关联的网页构成。从广义上讲，网站就是当网页发布到 Internet 上以后，能通过浏览器在 Internet 上访问的页面。通俗的理解：网站就是在互联网上发布信息的一种工具。在网站上发布的信息，用户可以通过浏览器来访问网站上展示的内容。

1）网站的分类。

（1）根据网站的用途分类，可分为宣传介绍型、标准实用型、功能互动型、电子商务型网站等。

宣传介绍型：这类网站主要的功能是企业宣传。网站特点：适用于想建立小型宣传网站的小企业，价格经济划算，页面设计精美，以最简洁实用的内容反映客户公司的形象和情况。

标准实用型：这类网站主要的功能是企业宣传、客户服务。网站特点：适用于想通过建立网站宣传产品或服务的企业。能有效提升企业形象，扩大品牌影响，拓展海内外的潜在市场。

功能互动型：这类网站主要的功能是企业宣传、客户服务、超强互动。网站特点：适用于中型专业网站，有较高的交互性需求。能较好地展示企业提供的各种产品或服务，及时接受客户反馈，与客户实时沟通、为产品或服务提供技术支持。

电子商务型：这类网站主要的功能是企业宣传、客户服务、超强互动、电子商务。网站特点：适用于企业建立功能较强的交互型电子商务网站。能通过多个方面具体展示企业提供的各种产品或服务，随时发布企业相关的最新服务信息，实时接受客户的在线订购及意见反馈。

（2）根据网站所用编程语言分类，可分为 asp 网站、php 网站、jsp 网站、aspx 网站等。

（3）根据网站的持有者分类，可分为个人网站、商业网站、政府网站等。

2）网站的组成。

网站由域名、网站空间和网站程序组成。

（1）域名——访问网站所用的网址。通俗的理解就是我们在浏览器中输入的网址，它通过 DNS 解析，可以将数字 IP 直接转化成网址进行访问。如 www. baidu. com，172. 0. 0. 1。

（2）网站空间——虚拟主机或服务器，是支持网站运行的设备。用于存储网站程序及资料，并提供网站程序运行所需的环境。通常我们可以通过 FTP 工具进行文件传输，将文件存放在网站空间里。虚拟主机应该留有足够的空间余量，以免影响网站的正常运行。一般说来虚拟主机空间越大价格就越高。单线空间：电信和网通分别放置服务器，您可以选择其中一个服务器的虚拟主机，就是所谓的单线空间。双线空间：双线路主机是国内电信用户、网通用户都可以快速访问的主机。

（3）网站程序——包括了网站所需要展示出来的全部内容，即页面源文件。它存放在网站空间里，包括网站的前台和后台。

把域名解析，空间绑定，网站程序上传，这样就可以有一个自己的网站了。

14. 网页

1）网页的概念。

网页——因特网上的一个页面，网页不是网站。网页包含文本、图像、动画、表格、音视频等基本元素。

2）网页的分类。

根据网页所处位置分类，可分为主页和子页。主页也叫首页，是一个网站的起点站或者说主目录，是用户打开浏览器时默认打开的一个或多个网页。主页也可以指一个网站的入口网页，即打开网站后看到的第一个页面，大多数作为主页的文件名是 index、default、main 或 portal 加上扩展名。

根据网页表现形式分类，可分为静态网页、动态网页和交互式网页。静态网页只能观看，不能与网页交流。动态网页可以实时发生变化，也可以根据用户的操作发生一定变化。交互式网页，一方面用户可以提供一定的信息给网站，网站根据实际需要，保留用户的信息，如网上注册；另一方面，网站可以自动收集用户的浏览信息。

3）网页布局。

网页布局是指网页标题、广告条、导航栏、视频、文本、图片、表单、文字、超链接等在网页上的分布格局。一般来说，网页由上向下布局，左上方为网页标题，上方或左侧为导航栏，中间为主页面及分栏，下方为网站信息或网站地图，如图 1－1 所示。

图1-1 "首页"设计效果图

1.2 制作网站的过程

1. 确定网站主题

网站主题就是网站所要包含的主要内容。一个网站必须要有一个明确的主题，特别是个人网站，设计时不可能像综合网站那样做得内容大而全，包罗万象。

2. 搜集资料

明确网站的主题之后，围绕主题搜集材料，去粗取精，去伪存真，作为制作自己网页的素材。

3. 规划网站

网站规划是指在网站建设前对市场进行分析，确定网站的目的和功能，并根据需要对网站建设中的技术、内容、费用、测试和维护等做出规划。网站规划对网站建设起到计划和指导的作用，对网站的内容和维护起到定位作用。

4. 选择合适的制作工具

网页制作涉及的工具比较多。首先是网页制作工具，大多数制作者用的都是所见即所得的编辑工具，如 Dreamweaver 和 Frontpage。除此之外，还有图片编辑工具，如 Photoshop 等；动画制作工具，如 Flash、COOL3D 等；网页特效工具，如会声会影等。网上有许多这方面的软件，可以根据需要灵活运用。

5. 网页制作

对网站进行布局。网站布局时，也要充分考虑到结构的优化。网站的结构应该尽量人性化，以便用户方便快捷地寻找到所需信息。混乱的结构模式不仅用户不喜欢，对于网站设计者本人来说也是极其不舒服的。所以，在设置结构的时候，需设定好框架，确定每个模块包含的内容、子目录等。

6. 上传测试

网页制作完毕，最后要发布到 Web 服务器上，才能够让全世界的朋友观看。网站可以发布到网上，有免费的空间，也可购买空间。而上传的工具有很多，有些网页制作工具本身就带有 FTP 功能，利用这些工具，可以很方便地把网站发布到自己申请的主页，并存放到服务器上。网站上传以后，要在浏览器中打开自己的网站，逐页逐个链接地进行测试，发现问题，及时修改，然后再上传测试。全部测试完毕就可以把网址告诉给朋友，让他们来浏览。

7. 域名、空间绑定解析

域名绑定是指域名与主机（即某个服务器）的空间绑定。如将 ＊＊＊.com 绑定主机 IP192.168.0.1。

1.3   网站的工作原理

网站的工作原理是指 Web 服务器与客户端浏览器交互的基本工作机制，就是网站服务器上的文件和数据库最终成为客户所看到的华丽或朴素的页面的过程，如图 1-2 所示。

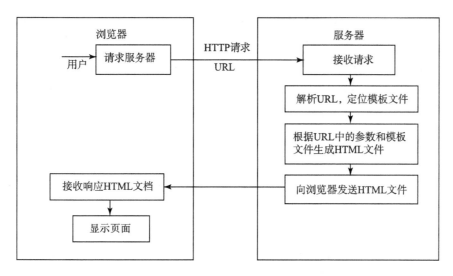

图 1-2　网站工作原理图

当用户使用浏览器通过 URL 请求获得某些信息时，Web 服务器将对该请求做出响应。Web 服务器将请求的信息解析生成 HTML 文件，最后将请求以 HTML 的形式发送至浏览器。浏览器对服务器发来的信息进行格式化，然后显示这些信息。

如果网站全是静态页面（HTML 文件），则不需要解析。但是动态网站的网站程序包括脚本、脚本解析程序、公用组件和数据库系统等，这些程序相互协作，将原始的网站数据（文件形式或数据库形式）解释（或者说变换）成特定编码格式的用户数据。网页里最常见的编码格式有：HTML、GIF、BMP、PNG、MIDI（正规名称为 text/html、image/gif、image/bmp、image/png、audio/mid）。对任何一次客户请求，一旦解析完毕，程序在本次连接中的使命也就结束了。脚本的解释器是浏览器。

假设在浏览器的地址栏里输入了"http://www. baidu. com/index. htm"，按下了回车。浏览器根据输入的内容判断：这是一个 HTTP 请求，服务器地址是 www. baidu. com，要访问的文件是其根目录下的 index. htm。然后执行下面的操作：

（1）寻找 www. baidu. com 主机，这包括查询 baidu. com 对应的 IP 地址，以及联系该 IP 地址上的服务器这两个步骤。一个 Web 服务器所提供的服务可能有很多，例如网页、邮件、文件传输等。因此客户必须指出自己需要何种服务，这是靠端口号来确定的。但是，HTTP 协议的端口号一般都是 80，所以也可以省略。当 Web 服务器确认了客户的请求，并为其创建相应的对话线程后，连接就建立了。

（2）浏览器发送具体请求，如果你是直接访问的某个网址，而不是通过网页里的链接或按钮之类发出的请求，那么肯定是一个 GET 请求：GET/index. htmHTTP/1.1，这表示客户端请求服务器返回/index. htm 文件的内容，HTTP 版本号是 1.1（发送版本号是因为默认的 HTTP 版本号是 0.9）。

（3）服务器收到 GET 请求，就在自己的文件系统里寻找/index. htm 文件，找到后，返回一个响应：Web 服务器的 HTTP 响应状态（200 表示成功，404 表示文件不存在）。

（4）传送完，连接也就结束了。

网站脚本运行在服务器上，HTML（连同 Javascript 脚本）运行在客户机器上。

TCP/IP 连接总是"临时"的，需要数据传输时便建立连接，传输结束，连接也就结束了。下次再需要传输时，需重新建立连接。

1.4　HTML 简介

HTML 称为超文本标记语言或超文本链接标记语言（标准通用标记语言下的一个应用）。HTML 是一种制作万维网页面的标准语言，是万维网浏览器使用的一种语言，它消除了不同计算机之间信息交流的障碍。

HTML 语言是目前网络上应用最为广泛的语言，也是构成网页文档的主要语言。HT-ML 文件是由 HTML 命令组成的描述性文本，HTML 命令可以说明文字、图形、动画、声音、表格和链接等。HTML 文件的结构包括头部（Head）和主体（Body）两大部分，其中头部描述浏览器所需的信息，而主体则包含所要说明的具体内容。HTML 文件的本质是一个扩展名为".htm"或".html"的文本文件，因此可以利用文本编辑软件进行创建和编辑操作。最简单的文本编辑软件是记事本，可以在记事本中编写 HTML 代码。

1. 网页基本结构

创建第一个 HTML 文件 index.html。标题是"我的第一个 html 文件"，文档显示"我喜欢网页设计！"。

```
<html>
    <head>
        <title>我的第一个 html 文件</title>          头部
    </head>
    <body>
        我喜欢网页设计！                            主体
    </body>
</html>
```

说明：

在 HTML 文档中标记大部分都是成对出现的。

<html></html>。<html>用于 HTML 文档的最前边，用来标识 HTML 文档的开始。而</html>标志放在 HTML 文档的最后边，用来标识 HTML 文档的结束，两个标志必须一块使用。

< head > </head > 构成 HTML 文档的开头部分，在此标识对之间可以使用 < title > </title > 等标识对，这些都是描述 HTML 文档相关信息的标识对。< head > </head > 标识对之间的内容是不会在浏览器的框内显示出来的。两个标识必须一块使用。

< body > </body > 是 HTML 文档的主体部分，即页面的实际内容。在此标识对之间可包含 < p > </p > 、< h1 > </h1 > 、< br > </br > 、< hr > < hr/ > 等众多的标识对，它们所定义的文本、图像等将会在浏览器的框内显示出来。

< title > </title > 用来显示浏览器窗口最上边部分的文本信息，是网页的"主题"。要显示网页的主题很简单，只要在 < title > </title > 标识对之间加入想要显示的文本即可。注意：< title > </title > 标识对只能放在 < head > </head > 标识对之间。

2. HTML 常用标记

HTML 的语法规则：< 元素名 > 对象 < /元素名 > 、< 元素名 属性 1 = 参数 1 属性 2 = 参数 2…… > 对象 < /元素名 > 、< 元素名 > 。

注意：语句中标记不区分大小写。在以上 3 种表示方法中，第 1 种写法，如果一个应该封闭的标记没有被封闭，则会根据浏览器的不同，出现不同的错误。第 3 种写法仅用于一些特殊元素，如 < br > 换行标记符。

1）网页结构标记（如表 1 - 1 所示）。

表 1 - 1　网页结构标记

标记	功　能
< html > </html >	标示 HTML 文件的起始和终止。它没有参数选项，一般放在文档的第一行和最后一行
< head > </head >	标示出文件的标题区。用于命名文档，提供文档内容的信息，指明作者或其他标识信息。head 标记符紧跟在 < html > 标记符之后
< body > </body >	标示出文件的主体区，< body > 与 </body > 之间标示的是 HTML 文档的全部内容，显示在 Web 浏览器窗口的用户区内，在 < body > 标记之间的文字的格式与浏览器的缺省类型一致

< body > 标记的常用属性：

（1）页面的背景颜色（bgcolor）。

格式：bgcolor = "颜色值"（颜色值是十六进制 RGB）

（2）页面的背景图形（background）。

格式：background = "图形文件名"（图形文件的 URL 值）

（3）文本颜色（text）。

格式：text = "颜色值"（颜色值是十六进制 RGB）

（4）超链接属性（link、vlink、alink），与 Web 页面中的超链接有关。

link 属性：定义还没有被浏览者激活的超链接颜色。

vlink 属性：定义已经被浏览者激活的超链接颜色。

alink 属性：定义正在被浏览者激活的超链接颜色。

超链接的颜色值设置方法与前面属性的颜色设置类似。

格式：link = ″颜色值″

alink = ″颜色值″

vlink = ″颜色值″

（5）边距（topmargin，leftmargin）。

格式：topmargin = ″像素″

leftmargin = ″像素″

如：< body bgcolor = ″red″ text = ″blue″ leftmargin = ″0″ background = ″1. jpg″ > ，网页中背景为红色，文本为蓝色，左边距 0 像素，背景图片 1. jpg。

2）格式化标记（如表 1 - 2 所示）。

表 1 - 2 　格式化标记

标　记	功　能
< p > </p >	创建一个新的段落。换行，并加入 1 个空行
< br >	换行
< font > </font >	设置字体
< b > </b > 或 < strong > </strong >	设置粗体字
< i > </i > 或 < em > </em >	设置斜体字
< u > </u >	设置下划线
< del > </del > 或 < s > </s > 或 < strike > </strike >	设置删除线
< sub > </sub >	设置下标
< sup > </sup >	设置上标
< big > </big >	设置大字体
< small > </small >	设置小字体
< hn > …… < hn >	共有六个级别：h1、h2、h3、h3、h5、h6。其中以 h1 标题级别为最高，h6 标题级别为最低
< hr >	换行并在该行下面画一条水平线，直线的上下两端都会留出一定的空白
< pre > </pre >	预格式化，浏览器按编辑文档时的字符位置将 < pre > </pre > 标记符之间的内容一成不变地显示出来
< center > </center >	居中设置

< font > 标记的常用属性：

（1）color：字体颜色，16 进制数，如#FFFFFF 或颜色名字。

（2）face：字体，如 Times New Roman。

（3）size：字号，设置字体大小，从 1 到 7。

如：< font face = "宋体" size = "2" color = "green" > 字体设置 </font > ，设置"字体设置"的字体是宋体，字号 2，字的颜色绿色。font 标记现已不建议使用。本例可改成：

< p style = "font – family：宋体；font – size：2；color：green" > 字体设置 </p >

3）布局标记（如表 1 – 3 所示）。

表 1 – 3　布局标记

标　记	功　能
< table > </table >	创建一个表格
< tr > </tr >	设置表格中的每一行
< td > </td >	设置一行中的每一个格子
< th > </th >	设置表格头：一个通常使用黑体居中文字的格子
< ul > </ul >	定义无序列表
< ol > </ol >	定义有序列表
< li > </li >	定义项目标记，就是列表项。与 ul 或 ol 一起用
< dl > </dl >	定义描述性列表，如同多级列表
< dt > </dt >	定义描述项标记，如同一级列表
< dd > </dd >	定义解释项标记，如同二级列表
< div > </div >	定义文档中的节。即层
< span > </span >	定义文档中的节。用来组合文档中的行内元素

< table > 标记的常用属性：

（1）border：表示表格边框宽度所占的像素数。该属性也可以不带参数值，表示表格是没有边框的。例如，< table border = "5" > 表示该表格的边框宽度为 5 个像素。

（2）width：指定表格的宽度。参数值可以是数字或百分数，其中数字表示表格宽度所占的像素数，百分数表示表格的宽度占浏览器的宽度的百分比。

（3）height：指定表格的高度。参数值可以是数字或百分数。

例如，< table width = "500" height = "50%" > 表示该表格的宽度为 500 个像素，高度为浏览器高度的 50%。

（4）align：可取 left、center、right 之一，分别表示表格位于其相邻文字的左侧、居中和右侧。

（5）cellspacing：指定表格各单元格之间的空隙。该属性的参数值为数字（像素）。

（6）cellpadding：指定单元格内容与单元格边界之间空白距离的大小。该属性的参数值是数字（像素）。

< tr > 标记的常用属性：

HTML 中的表格是以行为标准的。一个表格由行组成。一个表格由几行组成，就要有几个标记符与之相对应。< tr > 标记符必须与 < td > 标记符配套使用，后者使用是嵌套在行标记符的 < tr > 和 </tr > 之间的。

属性：

（1）align：水平居中方式。

（2）valign：垂直居中方式，紧靠上沿（top）、垂直居中（middle，默认）和紧靠下沿（bottom）。

（3）rowspan：表示该单元格所跨行数，默认值为 1。

（4）colspan：表示单元格所跨的列数，默认值也是 1。

如：表格，如图 1 - 3 所示。

学号	姓名
14303101	尉鹏博
14303102	王艳

图 1 - 3　表格

```
< table border = "3" width = "220" height = "80" align = "left" >
    < tr > < td width = "50% " > < palign = "center" > 学号 </td >
        < td width = "50% " > < palign = "center" > 姓名 </td >
    </tr >
    < tr > < td width = "50% " > < palign = "center" > 14303101 </td >
        < td width = "50% " > < palign = "center" > 尉鹏博 </td >
    </tr >
    < tr > < td width = "50% " > < palign = "center" > 14303102 </td >
        < td width = "50% " > < palign = "center" > 王艳 </td >
    </tr >
</table >
```

如：无序列表，如图 1 - 4 所示。

```
< ul >
    < li > 图书 </li >
    < li > 文具 </li >
    < li > 日用 </li >
    < li > 食品 </li >
</ul >
```

如：有序列表，如图 1 – 5 所示。

购物指南：

- 图书
- 文具
- 日用
- 食品

图 1 – 4　无序列表

购物指南：

1. 图书
2. 文具
3. 日用
4. 食品

图 1 – 5　有序列表

```
<ol>
    <li>图书</li>
    <li>文具</li>
    <li>日用</li>
    <li>食品</li>
</ol>
```

如：描述性列表，如图 1 – 6 所示。

食品类
　鸡、鸭、鱼、肉
　土豆、西红柿、青菜、萝卜
　苹果、香蕉、鸭梨
　……

图 1 – 6　描述性列表

```
<dl>
    <dt>食品类</dt>
    <dd>鸡、鸭、鱼、肉</dd>
    <dd>土豆、西红柿、青菜、萝卜</dd>
    <dd>苹果、香蕉、鸭梨</dd>
    <dd>……</dd>
</dl>
```

4）表单标记（如表 1 – 4 所示）。

表 1 – 4　表单标记

标　记	功　　能
< form ></ form >	定义供用户输入的 HTML 表单
< input >	定义输入控件。如 text 文本域、password 密码框、radio 单选按钮、checkbox 多选按钮、submit 提交按钮、reset 取消按钮、hidden 隐藏域、file 文件域等

标　记	功　　能
< datalist >	定义下拉列表
< select > < select >	定义选择列表（下拉列表）
< textarea > …… < /textarea >	定义多行的文本输入控件

< form >标记的常用属性：

表单（form）用于采集用户输入的信息，从而实现与用户交互的表格。例如，用表单设计登录和注册信息，等等。每一个表单都有一个"提交"按钮，当用户填写完表单并按下"提交"按钮时，用户填写的信息就被发送到 Web 服务器，由服务器负责处理所提交的信息。

属性：

（1）action：指定服务器端处理该表单的程序。它的参数值就是该程序的 URL。

（2）method：指定表单信息传送到服务器的方式。属性的参数值为 get 或 post。

method = "get"表示当"提交"按钮被按下时，浏览器会立刻把表单上的信息送出去，执行效率高，但它传送给服务器的反馈信息长度不能超过 255 个字符，不安全。

method = "post"表示浏览器等候服务器来读取信息，执行效率低，但传送信息量大，安全。

< input >标记的常用属性：

< input >必须嵌套在表单标记符中使用，用于定义一个用户输入项。

属性：

（1）name：指定相应处理程序中的变量名，Web 服务器将把这条输入信息的值赋予 name 属性规定的变量。

（2）type：指定该输入项提供的输入方式。在不同的输入方式下，< input >标记符的格式略有不同。type 属性的参数值可以是以下选项之一。

①text：单行文本输入框。

②password：密码输入框。与 type = "text"方式的输入基本相同，但浏览器并不在文本输入框中显示用户输入的字符，而是显示密码提示符"＊"。

③checkbox：复选框。用户可同时选中表单中的一个或几个复选项作为输入信息。当 type = "checkbox"时，< input >标记符还有 2 个属性：value（选中后返回的值）和 checked（是否选中）。

④radio：单选项。用户只能选中表单中所有单选项中的一项作为输入信息。当 type = "radio"时，< input >标记符也有 value 和 checked 属性。

⑤submit："提交"按钮。当用户单击该按钮时，浏览器就会将表单的输入信息传送给服务器。提交按钮的 name 属性是可以缺省的。当 type = "submit"时，< input >标记符还

有 value 属性（指定显示在提交按钮上的文字）。注意，在一个表单中必须有提交按钮，否则将无法向服务器传送信息。

⑥reset："还原"按钮。当用户单击按钮时，浏览器会清除表单中的所有输入信息而恢复到初始化状态。

⑦hidden：隐藏。表示输入项将不在浏览器窗口中显示。

⑧file：文件域。一般用于文件上传，从"打开文件"对话框中选择文件。

⑨image：图像按钮。浏览器会在相应位置产生一个图像按钮，当用户单击该按钮时，浏览器就会将表单的输入信息传送给服务器。在使用图像按钮时，必须在 <input> 标签中添加 src 属性（指出图像所在位置）。很多在图像标签中使用的属性规定也可以在图像按钮中使用。

如：注册页面，如图 1 - 7 所示。

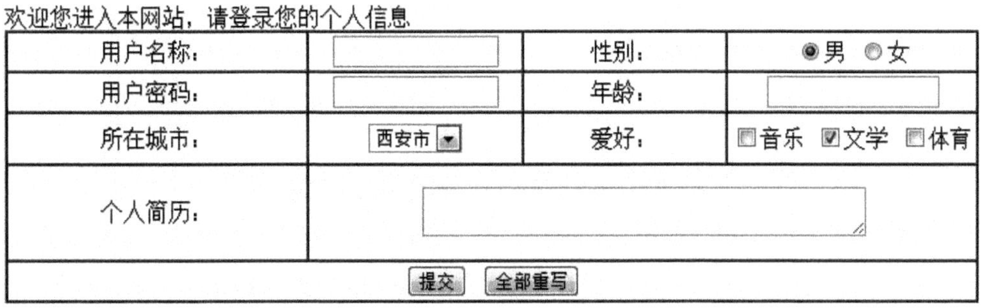

图 1 - 7　注册页面

```
< form method ="post" action ="echo. asp" >
    欢迎您进入本网站,请登录您的个人信息
        < table border ="1" cellspacing ="0" width ="77% " height ="175"
          cellpadding ="0" >
            <tr> <td width ="31% " height ="28" align ="center" >用户
                名称:</td>
                <td width ="22% " height ="28" align ="center" >
                    < input type ="text" name ="user" size ="14"
                        > </td>
                <td width ="21% " height ="28" align ="center" >性别:
                    </td>
                <td width ="50% " height ="28" align ="center" >
                < input type ="radio" name ="sex" value ="男" checked
                    ="checked" >男
                < input type ="radio" name ="sex" value ="女" >女
```

```
            </td >
      </tr >
<tr > < td width ="31% " height ="26" align ="center" > 用户
      密码: </td >
      < td width ="22% " height ="26" align ="center" >
      < input type =" password" name =" password" size
      ="14" >
      </td >
      < td width ="21% " height ="26" align ="center" > 年龄:
       </td >
      < td width ="50% " height ="26" align ="center" >
      < input type ="text" name ="age" size ="15" >
      </td >
</tr >
<tr >
      < td width ="31% " height ="36" align ="center" > 所在
      城市: </td >
      < td width ="22% " height ="36" align ="center" >
      < select size ="1" name ="city" >
      < option value ="西安市" > 西安市 </option >
      < option value ="咸阳市" > 咸阳市 </option >
      < option value ="渭南市" > 渭南市 </option >
      < option value ="宝鸡市" > 宝鸡市 </option >
      </select >
      </td >
      < td width ="21% " height ="36" align ="center" > 爱好:
       </td >
      < td width ="50% " height ="36" align ="center" >
      < input type ="checkbox" name ="love1" value ="音乐" >
      音乐
      < input type ="checkbox" name ="love2" value ="文学"
      checked ="checked" > 文学
      < input type ="checkbox" name ="love1" value ="体育" >
      体育
      </td >
```

```
</tr>
<tr>
    <td width ="31%" height ="67" align ="center">个人
    简历:</td>
    <td width ="93%" height ="67" colspan ="3" align
    ="center">
    <textarea rows ="2" name ="information" cols ="42">
    </textarea>
    </td>
</tr>
<tr>
    <td colspan ="4" align ="center">
    <input type ="submit" value ="提交" name ="B1">
    <input type ="reset" value ="全部重写" name ="B2">
    </td>
</tr>
</table>
</form>
```

5）其他标记（如表 1-5 所示）。

表 1-5　其他标记

标　记	功　能
<a></a>	创建一个超链接
<img src ="文件名">	添加一个图像
<embed src ="文件名">	插入播放器插件，如 flash 动画、视频、音乐

<a>标记的常用属性：

html 文档的超链接可以很方便地使用用户在不同文档以及同一文档的各个段落之间跳转。html 中的链接包括两部分：锚和目标点。锚就是链接的源点，当鼠标被移到锚处时会变成小手状。此时，用户通过单击鼠标就可以到达链接的目标点。首标记符 <a> 和尾标记符 </a> 之间的内容就是锚。

（1）href ="URL"，属性是不可缺省的，用于指定链接目标点的位置。

（2）target ="值"，值可以是以下五种："_ blank"浏览器总在一个新打开、未命名的窗口中载入目标文档；"_ self"默认，在当前窗口中打开；"_ parent"在父窗口中打开，如果这个引用是在窗口或者在顶级框架中，与"_ self"等效；"_ top"在顶层窗口中打开。

如：< a href = "index. htm" > 首页 </a > ，链接到首页 index. htm 上。

如：< a href = "http：//www. 163. com" target = "_ blank" > html 学习网站 </a > ，在新窗口打开网站 www. 163. com。

如：< a href = "mailto：aa@ 163. com" > 发送邮件 </a > ，创建一个自动发送电子邮件到 aa@ 163. com 的链接。

< img > 标记的常用属性：

（1）src = "图片名"，图片名包括扩展名。src 属性是不可缺省的。该属性用于指定被引用的图形文件所在的位置，Web 浏览器可以显示 jpeg 图像和 gif 图像。

（2）< img > 标记符还有 width 属性（确定图像宽度）、height 属性（确定图像高度）、align 属性（确定图像位置）以及 < border > 属性（确定图像边框）等。

< embed > 标记的常用属性：

（1）src = "播放文件存放地址"，不可缺省。

（2）loop = "true"或"false"，表示是否循环。

（3）width = " "height = " "，为播放器显示大小比例。

（4）autostart = "true"或"false"，表示当网页打开后是否自动播放。

（5）hidden = "true 或 false"，表示是否对播放器进行隐藏。

如：< embed title = "小苹果" src = "小苹果. mp3" loop = "true" width = "100％" height = "5％" autostart = "true" > ，添加背景音乐。

1.5　单元小结

这一单元是基础部分，介绍了网站制作的一些基础知识，包括网站基本概念、网站工作原理、HTML 常用标签。

1）网站基本概念，讲述了 IE、互联网、Net、internet、Internet、WWW、Web、TCP/IP、HTTP、HTML、浏览器、URL、网站及网站的分类和组成、网页及网页的分类和布局，引出了网站的制作过程。

2）网站工作原理，当用户使用浏览器通过 URL 请求获得某些信息时，Web 服务器将对该请求做出响应。Web 服务器将请求的信息解析生成 HTML 文件，最后将请求以 HTML 的形式发送至浏览器。浏览器对服务器发来的信息进行格式化，然后显示这些信息。

3）HTML 文件的结构包括头部（head）和主体（body）两大部分。在 HTML 文档中标记大部分都是成对出现的，不区分大小写。

1.6　拓展知识

1. 操作题。

1）用 HTML 做一个页面，标题栏显示"首页"，文档内容显示粗斜体"欢迎进入本网站"。

2）用 HTML 做一个页面，标题栏显示"练习"，文档内容页面居中显示"HTML 练习"。

2. 填空题。

1）IE 是____。

2）要使文字同时显示为粗体和斜体，应使用____语句。

3）WWW 浏览器是指一个运行在用户计算机上的程序，它负责____、网页，因此也称 WWW 客户程序。

4）上网浏览网页时，应使用____作为客户端程序。

5）title 标记符应位于____标记符之间。

6）网页通常可分为____和____。

7）静态网页的后缀名通常为____和____。

8）____是一个网站或站点的第一个网页，是网站的门面。

9）网页其实是用超文本标记语言（Hyper Text Mark-up Language）编写的，____是超文本标记语言的英文简称。

10）在网站建设中，一般把主页名称设置为____和____。

3. 选择题。

1）使用浏览器访问 Web 服务器时，主要使用的传输协议为（　　）。

　　A. FTP　　　　　　B. TELNET　　　　　C. HTTP　　　　　　D. SMTP

2）Internet 上使用的最重要的两个协议是（　　）。

　　A. TCP 和 Telnet　　　　　　　　B. TCP 和 IP

　　C. TCP 和 SMTP　　　　　　　　D. IP 和 Telnet

3）当开启 HTTP 服务时，通常所使用的访问端口号为（　　）。

　　A. 21 端口　　　B. 25 端口　　　　C. 80 端口　　　　　　D. 8080 端口

4）下列关于 HTML 的说法正确的是（　　）。

　　A. HTML 是网页的核心，是一种超文本标记的程序设计语言

　　B. 通过网页浏览器阅读 HTML 文件时，Web 服务器负责解释插入到 HTML 文本中的各种标记

    C. HTML 是网页的核心，是一种超文本标记的语言，它是页面描述语言

    D. 编制 HTML 文件时不需要加入任何标记（tag）

5）HTML 语言中的转行标记是（　　　）。

    A. < html >　　　　B. < br >　　　　　C. < title >　　　　D. < p >

6）若要在浏览器的标题栏显示文字，应该使用的标记是（　　　）。

    A. < title >　　　　B. < body >　　　　C. < a >　　　　　D. < head >

7）当 < input > 标记的 type 属性值为（　　　）时，代表一个可选多项的复选框。

    A. text　　　　　　B. password　　　　C. radio　　　　　D. checkbox

8）下面不是组成一个 HTML 文件基本结构标记的是（　　　）。

    A. < html > </html >　　　　　　　B. < head > </head >

    C. < form > </form >　　　　　　　D. < body > </body >

9）WWW 是（　　　）的意思。

    A. 网页　　　　　　B. 万维网　　　　　C. 浏览器　　　　D. 超文本传输协议

10）以下扩展名中不表示网页文件的是（　　　）。

    A. htm　　　　　　B. html　　　　　　C. asp　　　　　　D. txt

11）构成 Web 站点的最基本的单位是（　　　）。

    A. 网站　　　　　B. 主页　　　　　　C. 网页　　　　　D. 文字

12）网页最基本的元素是（　　　）。

    A. 文字与图像 B. 声音　　　　　C. 超链接　　　　D. 动画

13）在进行网站设计时，属于网站建设过程规划和准备阶段的是（　　　）。

    A. 网页制作　　　　　　　　　　B. 确定网站的主题

    C. 后期维护与更新　　　　　　　D. 测试发布

14）Dreamweaver 是（　　　）软件。

    A. 图像处理　　　B. 网页编辑　　　　C. 动画制作　　　D. 字处理

15）在网站整体规划时，第一步要做的是（　　　）。

    A. 确定网站主题　　　　　　　　B. 选择合适的制作工具

    C. 搜集材料　　　　　　　　　　D. 制作网页

学习情境2 网站需求分析

在网站的设计过程中，要设计出一个客户真正满意的网站，就必须先了解客户的需求，即客户对网站的内容、色彩、布局、平台和技术等方面的具体要求。而且，网站设计者要能采用合适的工具和方法编写出网站需求分析说明书作为实现网站内容的依据。

学习目标

本学习情境主要是让读者掌握网站设计的开发流程、常用工具等。通过本学习情境的学习，读者将掌握以下知识点：

1. 熟悉网站的设计流程；
2. 了解常用网站设计的开发工具；
3. 掌握网站需求分析说明书的简要内容。

2.1 任务分解

任务1 学习网站开发流程

【任务内容】

学习并掌握网页设计的基本流程。

【实现步骤】

1. 网站前期策划

做任何网站之前都要有个计划，这样工作起来才能有条不紊，网站亦是如此，这叫做网页策划，通常包括两个方面，即网站主题和客户需求。

1）确定网站主题。

网站主题是网站的中心内容，用于指明网站的主要内容。一个网站必须有一个明确的主题，这对选定的内容也有一定针对性，一般可通过前期调查分析确定网站主题。

（1）前期调查。

①了解目前各类网站的发展状况，找出哪类网站最符合当代潮流，并且总结出受欢迎的原因。

②了解网站的发展趋势与前景，并为网站的定位指明一个正确的方向。

③根据调查结果，结合自身特点，初步确定网站的主题与内容。

④根据网站的主题内容，考虑网页设计所使用的技术。

（2）前期分析。

根据前期调查，初步确定主题。确定主题有以下原则：

①主题要小而精，定位不宜过高过大。

②根据自身的特点和优势设计相应的网站。

③题材切勿杂乱无章。

2）网站的需求分析。

分析消费者的需求和市场的状态，并对企业自身的情况等进行综合分析，一定要以"消费者"为中心，而不能只以"设计而设计"为中心进行策划。策划时要考虑以下问题：

①网站建设的目的。

②网站的产品和服务。

③企业的产品和服务。

④企业产品和服务的表现方式。

2. 收集资料

在网站策划完成之后就要进行网站设计时所需资料的收集，网站的主题主要包括文本、图像和多媒体等内容，它们是网站的灵魂，能够吸引住用户。搜集的材料越丰富多彩，制作出来的网站就越吸引人。收集时可以从图书、报纸、光盘、多媒体等中进行筛选和收集，也可以从互联网上收集。在使用时要注意去粗取精，去伪存真，制作出属于自己的素材，不要产生版权问题。

（1）文本。如企业简介文本，不能临时书写，要得体、简明，一般使用企业内部的宣传文字。

（2）图像。例如企业的标志、网页的背景图像等，这些图像对浏览者的视觉影响很大，要慎重处理。

（3）库文件。对于一些常用的和重要的网页元素，需要使用库文件对其进行管理和使用。

（4）flash 等多媒体元素。许多网站越来越多地使用 flash 等多媒体元素，所以设计前一定要准备好相关文件。

3. 设计制作网页

策划好主题和收集好素材后，接下来就进入网页设计制作阶段了，在这期间的主要工作是根据主题设计网站的名称、标志、风格、导航栏、版面布局和目录结构等内容。

1）编辑制作网页。

在网页设计过程中要按照先大后小，先简单后复杂的顺序进行制作。同时要灵活运用模板和库，这样可以提高工作效率。

（1）先大后小。在制作网页时，先把大的框架结构设计好，接着再逐步完善小的结构设计。

（2）先简单后复杂。在制作时首先设计简单的内容，其次再设计复杂的内容，以防出现问题时方便修改。

2）确定网站的整体风格。

在制作前首先要把网站的整体风格规划一下，主要包括网站的整体色彩、结构、字体、大小和背景等元素，这些并没有固定的原则，需要设计师自己规划。

一般来说，网页标准色主要包括3大系，即蓝色系、黄橙色系和无彩色系。不同的色彩给用户的感觉也会不同，所以在设计时要考虑大方、庄重、美观等因素。也可根据网站类型的不同采用不同的风格，如果是个人网站可采用较鲜亮的颜色，让人感觉简单而有个性。

3）网站整体规划。

在制作前除了要确定网站的整体风格外，还要注重网站的整体的因素。所以规划就是在设计前，以树状结构先把每一个页面的内容大纲列出来，制作一个整体框架，然后根据内容再具体扩充或变更，这样在制作时就会清晰明了，容易把握。

4）设计网页图像。

以上都准备好后就开始制作网页了，一般制作网页时要涉及网页图片的制作，如使用Photoshop软件制作网站图像。

（1）网站标志设计。

标志的形式有多种，如文字、英文字母、符号和图案等。在设计标志时创意通常来自网站的名称和内容，专业性的网站可以利用本站代表性的物品作为标志，但最常用和最简单的方法是用自己网站的英文名称作为标志，通常采用不同的字体、字母的变形和字母的组合即可制作出来。其他标志设计如下：

①用网站中代表性人物、动物或植物作为标志。

②用网站中的内容作为设计的根据，加以卡通化或艺术化。

（2）导航栏的设计。

导航栏在网页设计中是一个重要的部分，在设计时要注意，设计出的网页能让浏览者轻松地从网站的一个页面跳转到另一个页面。

（3）网站字体设计。

网站中所用的字体包括标志和导航栏的特有文字。通用网页的默认字体是宋体，但在设计时可以选择一些特别的字体，以体现网站与众不同的风格。

（4）主页设计。

主页设计包括很多内容，如版面、色彩、图像、动态效果和图标等，在设计时要把握好整体风格。

（5）网页设计时使用的软件。

网页设计是一个综合性的设计工作，网页中包括文本、图像和视频等元素，需要对 Dreamweaver、Photoshop、Flash 和 CorelDRAW 等软件进行综合应用，得到最终设计的网页。

任务2　学习如何进行网站需求分析

【任务内容】

1. 熟悉网站设计需求分析的主要任务；
2. 掌握网站设计需求分析的基本过程；
3. 能够编写基本规范的《网站需求分析说明书》，实现效果如图 2-1 所示。

图 2-1　网站需求分析说明书

【实现步骤】

在真正的网站设计工作中，每当接到一个网站设计的新任务时，首要做的就是需求分析，但是如何进行需求分析，按照什么样的流程进行，是网站设计者必须熟悉的内容。需求分析可以依照以下顺序进行。

1. 确定网站需求分析相关人员

在开展网站需求分析之前，首先要确定哪些人需要参与到网站设计项目的需求分析中来。当然不同规模的项目人员也是不相同的。一般情况，静态页面设计人员、模板设计人员、网站动态功能实现人员、网站的项目管理人员、相关部门人员等都应参与到需求分析当中。

2. 准备调查内容

在开展分析之前，先要设计好准备调查的内容、人员、记录方式、调查方式等，编写基本的调查报告。调查的内容一般包括网站的功能、网站的访问群体、网站的栏目要求、网站的内容定位、网站的功能要求等。

3. 开展调查

确立了调查内容之后，就要展开调查事务。按照具体的调查计划向客户进行调查，并做好相应的记录。

4. 形成相应的网站需求分析说明书

完成网站调查分析后，下一步就要开始编写《网站需求分析说明书》，示例如下：

网站需求分析说明书

一、网站的名称

我的空间

二、网站功能

我的空间网站的主要功能有以下几个方面：

1. 首页

首页包括：网站横幅、logo、网站导航、个人资料、最新日志、日志分类、版权

2. 日志页

包括：日志显示列表、日志分类

3. 相册页

包括：相册首页、个人相册页面

4. 音乐页

包括：专辑列表、视频专辑、歌曲列表、歌曲播放、歌词

5. 注册页

包括：基本信息注册、验证码、检查验证信息是否符合规则

三、网站用户界面（初步）

1. 网站首页界面

图 1　首页界面

2. 列表页面

图 2　列表页面 1

图3 列表页面2

图4 列表页面3

3. 注册页面

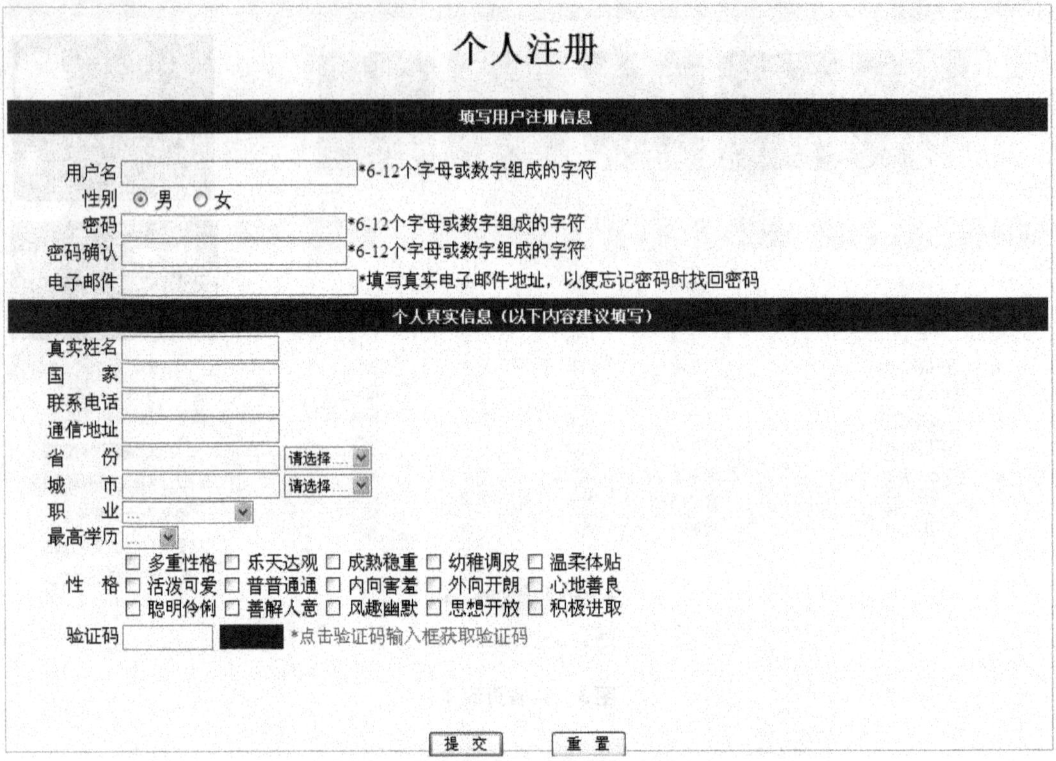

图5　注册页面

四、网站运行的软硬件环境

1. 软件环境

客户端：

（1）操作系统：Windows 2000/XP 2003/Vista 7 以上版本

（2）网络协议：TCP/IP 协议

（3）浏览器：Internet Explorer 6.0 以上版本

服务器端：

（1）操作系统：Windows Server 2003 Enterprise Edition

（2）网络协议：TCP/IP 协议

（3）Web 服务器：Internet Information Server 6.0

（4）数据库：Microsoft SQL Sever 2005 Developer Edition

2. 硬件环境

（1）服务器 CPU：Pentium 双核以上，内存1GB 以上

（2）客户机 CPU：P4 以上，内存256MB 以上

五、网站系统性能定义

要求网站能够在常见的浏览器中正常工作，操作方便，访问速度快。

六、确定网站维护的要求

网站设计完成并提交客户后，由客户自己负责后期维护，网站设计者提供一定的技术支持。仅限于电话、即时通信等方式的在线指导。如需实现具体的交互功能，需要另行协商，签订新的开发协议。

七、确定网站系统空间的租赁要求

网站完成设计后，可以由设计者向客户提供可用的免费空间或付费空间，最好能拥有独立的域名。

八、网站页面总体风格及美工要求

网站在总体风格上，要求和博客网站的风格大致一致，但也要富有创意，不失新颖。

九、主页面及次页面数量

本网站要求建立至少四个页面，分别是主页面、相册页面、日志页面和音乐页面。

十、各种页面特殊效果

在相册页面，实现相册选择功能；在音乐页面，采用左右滚动显示专辑列表，同时实现音乐的播放和 flash 的播放功能。

十一、项目完成时间及进度（根据合同）

本网站要求在一个月之内完成，并且提交首页，待用户满意之后，继续设计其余页面。

2.2 主要知识点

2.2.1 网站设计的任务

在网站设计的认识上，许多人似乎仍停留在网站制作的高度上。认为只要用好了网站制作软件，就能搞好网站设计了。

其实网站设计是一个感性思考与理性分析相结合的复杂过程，它的方向取决于设计的任务，它的实现依赖于网站的制作。正所谓"功夫在诗外"，网站设计中最重要的东西，并非在软件的应用上，而是在我们对网站设计的理解以及设计制作的水平上，在我们自身对美感的认识以及对页面的把握上。

1. 设计的任务

设计是一种审美活动，成功的设计作品一般都很艺术化。但艺术只是设计的手段，而并非设计的任务。设计的任务是要实现设计者的意图，而并非创造美。

网站设计的任务，是指设计者要表现的主题和要实现的功能。网站的性质不同，设计的任务也不同。从形式上，可以将网站分为以下三类。

第一类是资讯类网站，像新浪、网易、搜狐等门户网站。这类网站将为访问者提供大量的信息，而且访问量较大。因此需注意页面的分割、结构的合理、页面的优化和界面的亲和等问题。

第二类是资讯和形象相结合的网站，像一些较大的公司、国内的高校等网站。这类网站在设计上要求较高，既要保证资讯类网站的上述要求，同时又要突出企业、单位的形象。然而就现状来看，这类网站有粗制滥造的表现。

第三类则是形象类网站，比如一些中小型的公司或单位等网站。这类网站一般较小，有的只有几页，需要实现的功能也较为简单，网站设计的主要任务是突出企业形象。这类网站对设计者的美工水平要求较高。

当然，这只是从整体上来看，具体情况还要具体分析。不同的网站还要区别对待。别忘了最重要的一点，那就是客户的要求，它也属于设计的任务。

明确了设计的任务之后，接下来要想的就是如何完成这个任务了。

2. 设计的实现

设计的实现可以分为两个部分。第一部分为网站的规划及草图的绘制，这一部分可以在纸上完成。第二部分为网页的制作，这一部分是在计算机上完成的。

设计首页的第一步是设计版面布局。我们可以将网页看作传统的报纸杂志来编辑，这里面有文字、图像乃至动画，我们要做的工作就是以最适合的方式将图片和文字排放在页面的不同位置。除了要有一台配置不错的计算机外，软件也是必需的。不能简单地说一个软件的好坏，只要是设计者使用起来觉得方便而且能得心应手的，就可以称为好软件。当然，它应该能满足设计者的要求。笔者常用的软件是 Macromedia 的 Dreamweaver、Fireworks、Flash 以及 Adobe 的 Photoshop、Imageready，这些都是很不错的软件。

接下来我们要做的就是通过软件的使用，将设计的蓝图变为现实，最终的集成一般是在 Dreamweaver 里完成的。虽然在草图上，我们确定了页面的大体轮廓，但是灵感一般都是在制作过程中产生的。设计作品一定要有创意，这是最基本的要求，没有创意的设计是失败的。在制作的过程中，我们会碰到许多问题，其中最敏感的莫过于页面的颜色了。

3. 色彩的运用

色彩是一种神奇的东西，它是美丽而丰富的，能唤起人类的心灵感知。一般来说，红色是火的颜色，热情、奔放；也是血的颜色，可以象征生命。黄色是明亮度最高的颜色，显得华丽、高贵、明快。绿色是大自然草木的颜色，意味着自然和生长，象征安宁和平与安全，如绿色食品。紫色是高贵的象征，有庄重感。白色能给人以纯洁与清白的感觉，表达和平与圣洁。

单纯的颜色并没有实际的意义，和不同的颜色搭配，它所表现出来的效果也不同。比如绿色和金黄、淡白搭配，可以产生优雅、舒适的气氛。蓝色和白色搭配，能体现柔顺、淡雅、浪漫的气氛。红色和黄色、金色的搭配能渲染喜庆的气氛。而金色和栗色的搭配则会给人带来暖意。设计的任务不同，配色方案也随之不同。考虑到网页的适应性，应尽量使用网页安全色。

颜色是光折射产生的，红、黄、蓝是三原色，其他的色彩都可以用这三种色彩调和而成。换一种思路，我们可以用颜色的变化来表现光影效果，这无疑将使我们的作品更贴近现实。

但颜色的使用并没有一定的法则，如果一定要用某个法则去套，效果只会适得其反。经验上可先确定一种能表现主题的主体色，然后根据具体的需要，应用颜色的近似和对比来完成整个页面的配色方案。整个页面在视觉上应是一个整体，以达到和谐、赏心悦目的视觉效果。

4. 造型的组合

在网页设计中，主要通过视觉传达来表现主题。在视觉传达中，造型是很重要的一个元素。抛去是图还是文字的问题，画面上的所有元素可以统一作为画面的基本构成要素点、线、面来进行处理。一幅成功的作品是需要点、线、面的共同组合与搭配来构造整个页面的。

通常我们可以使用的组合手法，有秩序、比例、均衡、对称、连续、间隔、重叠、反复、交叉、节奏、韵律、归纳、变异、特写和反射，等等，它们都有各自的特点。在设计中应根据具体情况，选择最适合的表现手法，这样有利于主题的表现。

通过点、线、面的组合，可以突出页面上的重要元素，突出设计的主题，增强美感，让观者在感受美的过程中领会设计的主题，从而实现设计的任务。

造型的巧妙运用不仅能带来极大的美感，而且能较好地突出企业形象，能将网页上的各种元素有机地组织起来，它甚至还可以引导观者的视线。

5. 设计的原则

设计是有原则的，无论使用何种手法对画面中的元素进行组合，都一定要遵循五大原则：统一、连贯、分割、对比及和谐。

统一，是指设计作品的整体性，一致性。设计作品的整体效果是至关重要的，在设计中切勿将各组成部分孤立分散，那样会使画面呈现出一种枝蔓纷杂的凌乱效果。

连贯，是指要注意页面的相互关系。设计中应利用各组成部分在内容上的内在联系和表现形式上的相互呼应，并注意整个页面设计风格的一致性，实现视觉上和心理上的连贯，使整个页面的各个部分相互融洽，犹如一气呵成。

分割，是指将页面分成若干小块，小块之间有视觉上的不同，这样可以使观者一目了然。在信息量很多时，为使观者能够看清楚，就要注意到将画面进行有效的分割。分割不仅仅是表现形式的需要，换个角度来讲，分割也可以被视为对于页面内容的一种分类归纳。

对比，是通过矛盾和冲突使设计更加富有生机。对比手法有很多，例如，多与少、曲与直、强与弱、长与短、粗与细、疏与密、虚与实、主与次、黑与白、动与静、美与丑及聚与散，等等。在使用对比的时候应慎重，对比过强容易破坏美感，影响统一。

和谐，是指整个页面符合美的法则，浑然一体。如果一件设计作品仅仅是色彩、形状、线条等的随意混合，那么作品将不但没有"生命感"，而且也根本无法实现视觉设计的传达功能。和谐不仅要看结构形式，还要看作品所形成的视觉效果能否与人的视觉感受形成一种沟通，产生心灵的共鸣。这是设计能否成功的关键。

6. 网页的优化

在网页设计中，网页的优化是较为重要的一个环节。它的成功与否会影响页面的浏览速度和页面的适应性，影响观者对网站的印象。

在资讯类网站中，文字是页面中最大的构成元素，因此字体的优化显得尤为重要。使用 CSS 样式表指定文字的样式是必要的，通常我们将字体指定为宋体，大小指定为 12px，颜色要视背景色而定，原则上以能看清楚且与整个页面搭配和谐为准。在白色的背景上，文字一般使用黑色，这样不易产生视觉疲劳，能保证浏览者较长时间地浏览网页。

图片是网页中的重要元素。图片的优化可以在保证浏览质量的前提下将其大小（size）降至最低，这样可以成倍地提高网页的下载速度。利用 Photoshop 或 Fireworks 可以将图片切成小块，分别进行优化。输出的格式可以为 gif 或 jpeg，要视具体情况而定。一般把有较为复杂颜色变化的小块优化为 jpeg，而把那种只有单纯色块的卡通画式的小块优化为gif，这是由这两种格式的特点决定的。

表格（table）是页面中的重要元素，是页面排版的主要手段。可以设定表格的宽度、高度、边框、背景色、对齐方式等参数。很多时候，将表格的边框设为 0，以此来定位页面中的元素，或者借此确定页面中各元素的相对位置。浏览器在读取网页 html 原代码时，是读完整个表格才将它显示出来的。如果一个大表格中含有多个子表格，必须等大表格读完，才能将子表格一起显示出来。在访问一些站点时，等待多时无结果，按"停止"按钮却一下显示出页面就是这个原因。因此，在设计页面表格的时候，应该尽量避免将所有元素嵌套在一个表格里，表格嵌套层次尽量要少。在使用 Dreamweaver 制作网页时，会自动在每一个 td 内添加一个空字符" "。如果单元格内没有填充其他元素，这个空字符会保留，在指定 td 的宽度或高度后，可以在源代码内将其删去。

网页的适应性是很重要的，在不同的系统、分辨率和浏览器下，将会看到不同的结果，因此设计时要统筹考虑。一般在 800×600 分辨率下制作网页，最佳浏览效果也是在 800×600 分辨率下，在其他情况下只要保证基本一致，不出现较大问题即可。

2.2.2　网站设计的主要流程

网站制作过程有五个阶段：需求分析阶段、技术分析阶段、页面策划阶段、网站设计阶段和网站改进阶段。

1. 需求分析阶段（如图 2 – 2 所示）

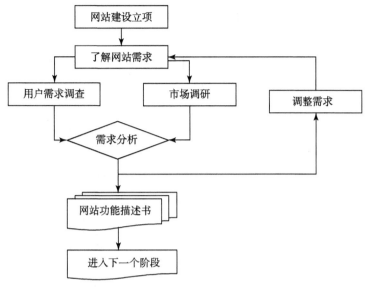

图 2 – 2　需求分析阶段流程图

2. 技术分析阶段（如图 2 – 3 所示）

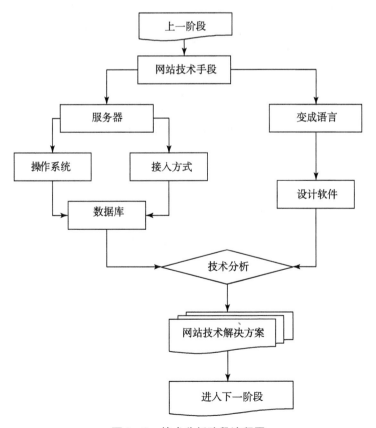

图 2 – 3　技术分析阶段流程图

3. 页面策划阶段（如图 2 - 4 所示）

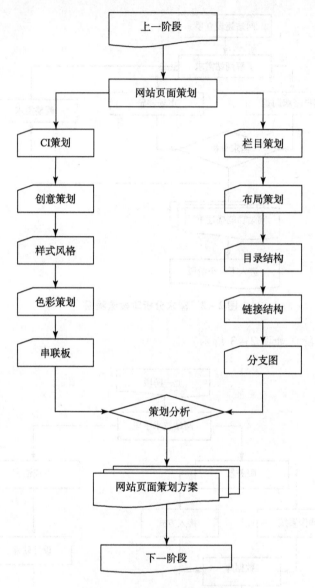

图 2 - 4　页面策划阶段流程图

4. 网站设计阶段与网站改进阶段（如图 2 – 5 所示）

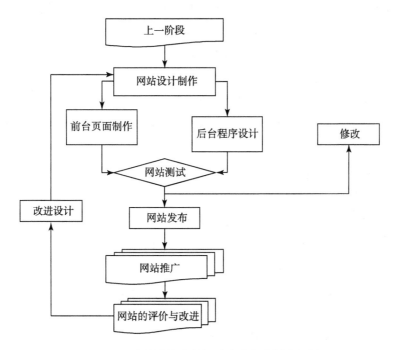

图 2 – 5 网站设计阶段与网站改进阶段流程图

上述过程中，每个菱形标记的环节都是判断和选择的过程，并反馈信息，重复这个过程，直至满意后，进入下一个环节。

2.2.3 网站设计的要领

要领一：确定网站主题

做网站，首先必须要解决的就是网站内容问题，即确定网站的主题。美国《个人电脑》杂志（PC Magazine）评出了年度排名前 100 位的全美知名网站的十类题材：第 1 类，网上求职；第 2 类，网上聊天/即时信息/ICQ；第 3 类，网上社区/讨论/邮件列表；第 4 类，计算机技术；第 5 类，网页/网站开发；第 6 类，娱乐；第 7 类，旅行；第 8 类，参考/资讯；第 9 类，家庭/教育；第 10 类，生活/时尚。可以参照上面的分类，继续细分。如果在某些方面有兴趣，或掌握的资料较多，也可以做一个自己感兴趣的东西。一者，可以有自己的见解，做出自己的特色；二者，在制作网站时不会觉得无聊或者力不从心。兴趣是制作网站的动力，没有创作热情，很难设计制作出优秀的作品。

对于内容主题的选择，要做到小而精，主题定位要小，内容要精。不要试图去制作一个包罗万象的站点，这往往会失去网站的特色，也会带来高强度的劳动，给网站的及时更新带来困难。

要领二：选择好域名

域名是网站在互联网上的名字。一个非产品推销的纯信息服务网站，其建设的所有价值都凝结在其网站域名之上。失去这个域名，所有前期工作都将全部落空。

目前，做个人网站的很多都依赖免费个人空间，其域名也是依赖免费域名指向，如网易的虚拟域名服务，其实这对个人网站的推广与发展很不利，它"适时"开启的窗口不光妨碍了浏览者的视线和好感，也妨碍了网页的传输速度。所以，就个人观点来说，可以花点钱去注册一个域名，独立的域名就是个人网站的第一笔财富，要把域名起得形象、简单、易记。

要领三：掌握建网工具

网络技术的发展带动了软件行业的发展，所以用于制作 Web 页面的工具软件也越来越丰富。从最基本的 HTML 编辑器到现在非常流行的 Flash 互动网页制作工具、各种各样的 Web 页面制作工具。下面是几款具有代表性的网页制作器：

（1）HTML 编辑器。虽然 HTML 代码复杂，编辑和调试要花费大量的时间，但因 HTML 的稳定性、广泛支持性及可创建复杂的页面效果，仍受高级网页制作人员的青睐。就目前来说，有众多的编辑器供选择，这些编辑器广泛支持复杂页面创建及高级 HTML 规范，使用较为普遍的有 Hotdog 等专业 HTML 编辑器。

（2）所见即所得的网页编辑器。其中以 Dreamweaver 为代表，它具有如 Word 一样的操作界面，熟知 Word 功能的操作者，只要稍加培训就能轻松编制网页。而且，还能解析网页的 HTML 源代码，并提供了预览支持。所以 Dreamweaver 是一款非常适合初、中级网页制作人员使用的工具软件。

（3）现在非常流行的 Macromedia 公司出品的 Flash 互动网页制作工具。这是一款功能非常强大的交互式矢量多媒体网页制作工具。它能够轻松输出各种各样的动画网页，不需要特别繁杂的操作，也比 JAVA 小巧精悍，且它的动画效果、互动效果、多媒体效果十分出色。除此之外，它还可以在 Flash 动画中封装 MP3 音乐、填写表单等，并且由于 Flash 编制的网页文件比普通网页文件要小得多，所以大大加快了浏览速度。这是一款十分适合动态 Web 制作的工具软件。

另外，个人网站制作者还需了解 W3C 的 HTML4.0 规范、CSS 层叠样式表、Javascript、VBScript 等的基本知识。对于常用的一些脚本程序，如 ASP、CGI、PHP 也要有适当了解，还要熟练使用图形处理工具和动画制作工具以及矢量绘图工具，并能部分了解多种图形图像动画工具的基本用法，熟练使用 FTP 工具以及掌握相应的软、硬件和网络知识也是必备的。

当然，互联网还是一个免费的资料库。编制网页需要多种多样的按钮、背景、图形、图片等。如果这些都要靠自己完成，既浪费时间又浪费金钱，而且还需要强大的图形、图片制作技术。所以，为了省却这些麻烦，网站制作者完全可以从网上下载各种精美实用的网页素材。

要领四：确定网站界面

界面就是网站给浏览者的第一印象，往往决定着网站的可看性，在确定网站的界面时要注意以下三点：

（1）栏目与板块编排。

构建一个网站就好比写一篇论文，首先要列出提纲，才能使主题明确、层次清晰。网站建设初学者，最容易犯的错误就是：确定题材后立刻开始制作，没有进行合理规划，从而导致网站结构不清晰、目录庞杂、板块编排混乱等。结果是不但浏览者看得糊里糊涂，制作者自己在扩充和维护网站时也相当困难。所以，在动手制作网页前，一定要考虑好栏目和板块的编排问题。

网站的题材确定后，就要将收集到的资料内容做一个合理的编排。比如，将一些最吸引人的内容放在最突出的位置或者放在版面分布上占优势地位的位置。栏目的实质是一个网站的大纲索引，索引应该将网站的主体明确显示出来。在制定栏目的时候，要仔细考虑，合理安排。在栏目编排时需要注意的是：

①尽可能删除那些与主题无关的栏目；

②尽可能将网站内最有价值的内容列在栏目上；

③尽可能从访问者角度来编排栏目以方便访问者的浏览和查询；

④辅助内容，如站点简介、版权信息、个人信息等大可不必放在主栏目里，以免冲淡主题。

另外，板块的编排设置也要合理安排与划分。板块比栏目的概念要大一些，每个板块都有自己的栏目。举个例子：ENET 硅谷动力（www.enet.com.cn）的站点分新闻、产品、游戏、学院等板块，每个板块下面又各有自己的主栏目。一般来说，个人站点内容较少，只要划分栏目就够了，不需要设置板块。如果有必要设置板块，应该注意：

①各板块要有相对独立性；

②各板块要有相互关联性；

③各板块的内容要围绕站点主题。

（2）目录结构与链接结构。

网站的目录是指建立网站时创建的目录。例如：在用 Frontpage 建立网站时都默认建立了根目录和 Images 子目录。目录的结构是一个容易忽略的问题，大多数站点都是未经规划随意创建子目录。目录结构的好坏，对浏览者来说并没有什么太大的感觉，但是对于站点本身的维护，以后内容的扩充和移植有着重要的影响。所以建立目录结构时也要仔细安排，比如：

①不要将所有文件都存放在根目录下。有网站制作者为了方便，将所有文件都放在根目录下。这样就很容易造成：文件管理混乱，搞不清哪些文件需要编辑和更新，哪些无用的文件可以删除，哪些是相关联的文件，影响工作效率；上传速度变慢，服务器一般都会为根目录建立一个文件索引，如果将所有文件都放在根目录下，那么即使只上传更新一个

文件，服务器也需要将所有文件再检索一遍，建立新的索引文件，很明显，文件量越大，等待的时间也将越长。

②按栏目内容建立子目录。子目录的建立，首先按主栏目建立。友情链接内容较多，需要经常更新的可以建立独立的子目录。而一些相关性强，不需要经常更新的栏目，例如：网站简介、站点情况等可以合并放在一个统一目录下。所有程序一般都存放在特定目录下，例如：CGI 程序放在 cgi - bin 目录，所有提供下载的内容也最好放在一个目录下，便于维护管理。

③在每个主目录下都建立独立的 Images 目录。一般来说，一个站点根目录下都有一个默认地 Images 目录。将所有图片都存放在这个目录里很是不方便，比如在栏目删除时，图片的管理相当麻烦。所以为每个主栏目建立一个独立的 Images 目录是比较好的选择，原因很简单，就是方便维护与管理。

④其他需要注意的有：目录的层次不要太深，不要超过3层；不要使用中文目录，使用中文目录可能对网址的正确显示造成困难；不要使用过长的目录，太长的目录名不便于记忆；尽量使用意义明确的目录，以便于记忆和管理。

网站的链接结构是指页面之间相互链接的拓扑结构。它建立在目录结构基础之上，但可以跨越目录。形象地说：每个页面都是一个固定点，链接则是在两个固定点之间的连线。一个点可以和一个点连接，也可以和多个点连接。更重要的是，这些点并不是分布在一个平面上的，而是存在于一个立体的空间中的。一般的，建立网站的链接结构有两种基本方式：

①树状链接结构（一对一）。这类似 DOS 的目录结构，首页链接指向一级页面，一级页面链接指向二级页面。浏览这样的链接结构时，一级级进入，一级级退出，条理比较清晰，访问者明确知道自己在什么位置，不会"不知身在何处"，但是浏览效率低，一个栏目下的子页面到另一个栏目下的子页面，必须回到首页再进行。

②星状链接结构（一对多）。这类似网络服务器的链接，每个页面相互之间都建立有链接。这样浏览比较方便，随时可以到达自己喜欢的页面。但是由于链接太多，容易使浏览者迷路，搞不清自己在什么位置，看了多少内容。

因此，在实际的网站设计中，总是将这两种结构结合起来使用。网站希望浏览者既可以方便快速地达到自己需要的页面，又可以清晰地知道自己的位置。所以，最好的办法是：首页和一级页面之间用星状链接结构，一级和二级页面之间用树状链接结构。链接结构的设计，在实际的网页制作中是非常重要一环，采用什么样的链接结构直接影响到版面的布局。

（3）进行形象设计。

网站的设计可以从以下几点出发：

①设计网站标志（LOGO）。LOGO 是指网站的标志，标志可以是中文、英文字母，也可以是符号、图案等。标志的设计创意应当来自网站的名称和内容。比如：网站内有代表

性的人物、动物、植物，可以用它们作为设计的蓝本，加以卡通化或者艺术化；专业网站可以以本专业具有代表性的物品作为标志。最常用和最简单的方式是用自己网站的英文名称作标志，采用不同的字体、字母的变形、字母的组合可以很容易制作好自己的标志。

②设计网站色彩。网站给人的第一印象来自视觉冲击，不同的色彩搭配产生不同的效果，并可能影响到访问者的情绪。"标准色彩"是指能体现网站形象和延伸内涵的色彩，要用于网站的标志、标题、主菜单和主色块，给人以整体统一的感觉。至于其他色彩也可以使用，但应当只是作为点缀和衬托，绝不能喧宾夺主。一般来说，一个网站的标准色彩不超过3种，太多则让人眼花缭乱。适合用于网页标准色的颜色有：蓝色、黄/橙色、黑/灰/白色三大色系。

③设计网站字体。和标准色彩一样，标准字体是指用于标志、标题及主菜单的特有字体。一般网页默认的字体是宋体。为了体现站点的"与众不同"和特有风格，可以根据需要选择一些特别字体。制作者可以根据自己网站所表达的内涵，选择更贴切的字体。需要说明的是：使用非默认字体只能用图片的形式，因为浏览者的计算机里很可能没有安装特别字体，那么辛苦的设计制作便可能付之东流了。

④设计网站宣传语。网站宣传语也可以说是网站的精神、主题与中心，或者是网站的目标，用一句话或者一个词来高度概括。用富有气势的话或词语来概括网站，进行对外宣传，可以获得比较好的结果。

要领五：确定网站风格

"风格"是抽象的，是指站点的整体形象给浏览者的综合感受。这个"整体形象"包括站点的CI（标志、色彩、字体、标语）、版面布局、浏览方式、交互性、文字、语气和内容价值等诸多因素。网站可以是平易近人的、生动活泼的，也可以是专业严肃的。不管是色彩、技术、文字、布局，还是交互方式，只要能由此让浏览者明确分辨出这是本网站独有的，这就形成了网站的"风格"。

风格是有人性的，通过网站的色彩、技术、文字、布局、交互方式可以概括出一个站点的个性：是粗犷豪放的，还是清新秀丽的；是温文儒雅的，还是执着热情的；是活泼易变的，还是墨守成规的。

总之，有风格的网站与普通网站的区别在于：在普通网站上看到的只是堆砌在一起的信息，只能用理性的感受来描述，比如信息量多少，浏览速度快慢等；在有风格的网站上可以获得除内容之外的更感性的认识，比如站点的品位、对浏览者的态度等。

在明确自己想给人以怎样的印象后，要找出网站中最有特色的东西，就是最能体现网站风格的东西，并以它作为网站的特色加以重点强化、宣传。总之，风格的形成不是一次定位的，你可以在实践中不断强化、调整和改进。

要领六：有创意的内容选择

好的内容选择需要有好的创意，作为网页设计制作者，最苦恼的就是没有好的内容创意。网络上最多的创意即是来自于虚拟同现实的结合。创意的目的是为了更好的宣传与推广网站。如果创意很好，却对网站发展毫无意义，那么，网站设计制作者也应当放弃这个创意。另外，主页内容是网站的根本之所在。如果内容空洞，即使页面制作得很精美，仍然不会有多少用户来访问。从根本上说，网站内容仍然左右着网站流量，"内容为王"（Content Is King）依然是个人网站成功的关键。

要领七：推广自己的网站

网站的营销推广在个人网站的运行中也占着重要的地位，在推广个人网站之前，请确保已经做好了以下内容：网站信息内容丰富、准确、及时，网站技术具有一定专业水准，网站的交互性能良好。一般来说，网站的推广有以下几种方式：

（1）搜索引擎注册与搜索目录收录技巧。

注册著名的搜索引擎站点是在技术上推广网站的第一步。注册搜索引擎有一定的技巧，像 AltaVista、搜索客这样的搜索引擎，它自动收录提交的网址。另外，注意 Meta 的使用，不要提交分栏 Frame 页面，大部分搜索引擎不识别 Frame，所以一定要提交有内容的Main 页面。

而像 Yahoo、搜狐等搜索目录网站采用手工方式收录网址，以保证收录网站的质量，在分类查询时获得的信息相关性比搜索引擎站点（靠 Spider 自动搜索的）更强。由于搜索目录网站收录网站的人为因素相对较多，因此在提交网站时要注意遵守规则。如 Yahoo 要求注册站点描述不超过 25 个单词。在此要注意：将网址提交到最合适的目录下面，要认真详细地介绍网站，千万不要有虚假、夸张的成分。

（2）广告交换技巧。

很多个人站点在相互广告交换时都提出了几个条件：第一，访问量相当；第二，首页交换。显而易见，这种做法是为了充分利用广告交换。以很多个人网站的经验来说，当与一个个人站点交换链接时，对方把网站的 LOGO 放到了友情链接一页，而不是首页时，很少会有访客来自那里。通常在首页广告交换才会有很好的效果。

（3）目标电子邮件推广。

使用电子邮件宣传网址时，主要有如下技巧：可以使用免费邮件列表来进行，只要你申请了免费邮件列表服务，你就可以利用邮件列表来推广你的网站；可以通过收集的特定邮件地址，来发送信息到特定的网络群体，在特定网络群体中推广自己的网站；发送 HT-ML 格式的邮件，即使其内容与接收者关系不大，也不会被当作垃圾信件马上删掉，人们至少会留意一下发送者的地址。不过，在进行邮件推广的时候要注意网络道德。

要领八：支撑网站日常运行

当个人网站做到某一程度，就必须把赚钱提到议事日程上来，通常来说，个人网站获取资金有以下两个渠道：

（1）销售网站的广告位。

要销售网站的广告位，一般来说，每日的流量少于 1 万人次的网站在目前是不会吸引广告商的。网站的专业性及商用性、以往的广告经验、技术以及设计要求等也会影响到广告的销售。

一般来说，Web 广告的收费有三种方式：

①CPT（Cost Per Thousand）。

放一个广告，它按每 1 000 人次来访问站点收费。这方法对网站经营者最为合适，只要有人浏览该网页，就得钱，不管访问者对广告有无反应——是否会看或点击该广告。

②点透（Click－through）。

通过 Banner 广告点到了广告商的站点，这才算数，广告商青睐这个，他只为对自己广告感兴趣的人"掏钱"。这对于网站经营者就不合适了，一些调查资料表明，只有3%的访问者会去点击广告。

③提成（Commission）。

根据访问者点击位于你站点上的广告所带来的销售收入，从中跟做广告的厂商分成，这种方法对于网站的经营者来说，比上述两个方法都更加冒险。

通常的，个人网站的广告收费方法往往是第一、第二种方法的结合，站点和广告商都可较少冒险。

（2）与大型网站合作。

另外，通过与大型网站合作，获取经费，也可以维持个人网站的日常运行。不过，个人网站很容易成为商业网站的附属品。

2.2.4　网站开发常用工具

制作网页的基本软件离不开 HTML，但是如果真的要用其完成全部的网站开发是不现实的，因为既不方便效率又低，常用的方法是选择一种工具软件，只是在必要的时候对工具软件生成的 HTML 文件进行编辑，这样可以使开发工作变得简单又轻松。

但网页制作工具只是对其中各种类型的媒体进行了集成，媒体的编辑还需要各种类型的媒体工具软件。

1. Adobe Dreamweaver CS5

Adobe Dreamweaver CS5 是一款集网页制作和网站管理于一身的所见即所得的网页编辑器，Dreamweaver CS5 是第一套针对专业网页设计师特别开发的视觉化网页开发工具，利用它可以轻而易举地制作出跨越平台和浏览器限制的充满动感的网页。

全球最大的图像编辑软件供应商 Adobe 官方宣布，以换股方式收购软件公司 Macromedia，Macromedia 是著名的网页设计软件 Dreamweaver 及 Flash 的供应商。据悉，此项交易涉及金额高达 34 亿美元。根据双方达成的协议，Macromedia 股东将以 1∶0.69 的比例获得 Adobe 的普通股。自此开始，Dreamweaver 开始属于 Adobe 设计软件系列，目前已有 CS6 版，及 CC 版。

Dreamweaver CS5 主要用于完成静态页面的制作，其界面如图 2－6 所示。

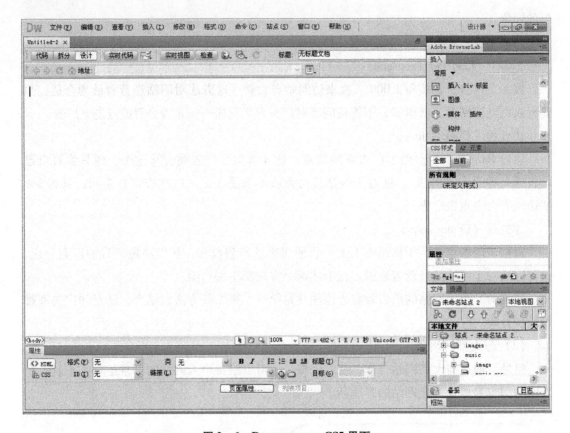

图 2 - 6　Dreamweaver CS5 界面

2. Flash

在网页设计中，素材十分重要。网页素材中一个重要的部分就是动画，制作动画用的软件就是 Flash。Flash 软件可以实现多种动画特效，是由一帧帧的静态图片在短时间内连续播放而形成的视觉效果，表现为动态过程。在现阶段，Flash 应用的领域主要有娱乐短片、片头、广告、MTV、导航条、小游戏、产品展示、应用程序开发的界面及开发网络应用程序等几个方面。Flash 已经大大增加了网络功能，可以直接通过 xml 读取数据，又加强了与 ColdFusion、ASP、JSP 和 Generator 的整合，所以用 Flash 开发网络应用程序肯定会被越来越广泛的应用。

3. Photoshop

Adobe Photoshop，简称"PS"，是由 Adobe Systems 开发和发行的图像处理软件。

Photoshop 主要处理以像素所构成的数字图像。使用其众多的编修与绘图工具，可以有效地进行图片编辑工作。PS 有很多功能，在图像、图形、文字、视频、出版等各方面都有涉及。

4. Javascript

Javascript 是一种解释性的、基于对象的脚本语言（An interpreted，object-based scripting language）。

HTML 网页在互动性方面能力较弱，例如下拉菜单，用户单击某一菜单项时，会自动出现该菜单项的所有子菜单，用纯 HTML 网页无法实现；又如验证 HTML 表单（Form）提交信息的有效性，用户名不能为空，密码不能少于4位，邮政编码只能是数字之类，用纯 HTML 网页也无法实现。要实现这些功能，就需要用到 Javascript。

2.3　单元小结

本学习情境主要让读者学习了网站设计的概念、方法及工具。通过两个任务的完成，读者可以：

1）了解网站的基本任务和开发流程；

2）掌握如何开展一个项目的网站需求分析调查；

3）掌握如何编写网站的需求分析说明书；

4）掌握网站开发的要领。

2.4　拓展知识

1. 请读者自行完成一个网站的需求分析说明书。

2. 填空题。

1）HTML 网页文件的标记是_____，网页文件的主体标记是_____，标记页面标题的标记是_____。

2）表格的宽度可以用百分比和_____两种单位来设置。

3）网 页 中 主 要 包 括 的 内 容 有 _____、_____、_____、_____ 和 _____等。

3. 选择题。

1）用 HTML 标记语言编写一个简单的网页，网页最基本的结构是（　　　）。

    A. < html > < head > … </head > < frame > … </frame > </html >

    B. < html > < title > … </title > < body > … </body > </html >

    C. < html > < title > … </title > < frame > … </frame > </html >

    D. < html > < head > … </head > < body > … </body > </html >

2）以下标记符中，用于设置页面标题的是（　　　）。

A. < title >　　　　B. < caption >　　　　C. < head >　　　　D. < html >

3）以下标记符中，没有对应的结束标记的是（　　　）。

A. < body >　　　　B. < br >　　　　C. < html >　　　　D. < title >

4）HTTP 的含义是（　　　）。

A. 超文本传输协议　　　　　　　　B. 超级文本转换协议

C. 超级链接文本协议　　　　　　　D. 不确定

5）网页的主要内容中，不包含（　　　）。

A. 图像　　　　B. 动画　　　　C. 视频　　　　D. 程序

学习情境3　网站模板设计

网站模板指的是网站页面模板，是当网站中有许多页面版式色彩相同的情况下，将其定义为网页模板，并定义其中部分可编辑，部分不可编辑，那么在利用网页模板制作其他页面时就会很方便，不易出错。

学习目标

本学习情境主要是让读者掌握网站模板设计的方法及技巧。通过本学习情境的学习，读者将掌握以下知识点：

1. 熟悉样式的基本语法和如何创建常见的样式规则（如创建无下划线的超链接样式，设置细边框文本框样式，创建常见的文字、颜色样式等）；

2. 掌握内嵌样式、行内样式以及样式表文件的概念及使用场合；

3. 掌握 DIV 标记的基础知识以及嵌套使用；

4. 掌握 HTML 标记语言的使用；

5. 掌握 CSS 的概念及其应用；

6. 掌握选择器的分类和使用。

效果预览

模板设计的效果图如图 3 – 1 所示。

图 3 – 1　模板效果图

3.1 任务分解

任务 设计网站模板

【任务内容】

1. 掌握 DIV 标记的使用。

2. 掌握 CSS 样式的建立和使用。

3. 实现如图 3 – 1 所示的模板效果图。

【实现步骤】

1）确定效果层位置，如图 3 – 2 所示。

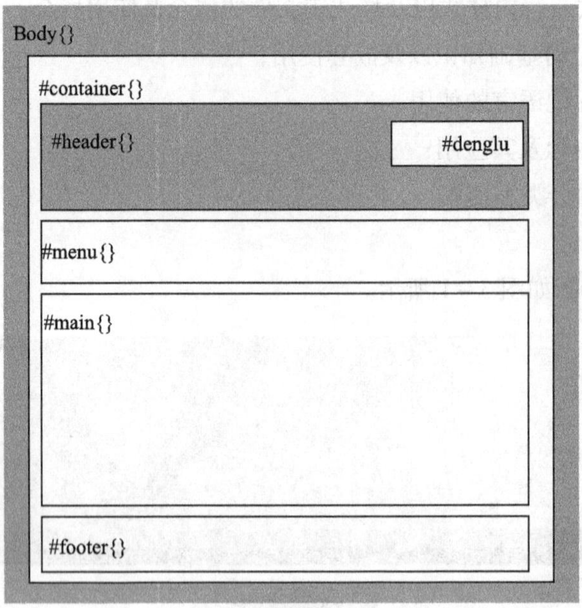

```
Body{}
    #container{}
        #header{}                    #denglu
        #menu{}
        #main{}
        #footer{}
```

图 3 – 2 模板层位置

DIV 结构如下：

```
Body{}
    │
    └── # container{}    /*页面层容器*/
             │
             ├── #Header{}   /* 页面头部*/ ─── #denglu{}/*登录*/
             │
             ├── #menu{}     /*页面导航 */
             │
             ├── #main{}     /* 页面主体*/
             │
             └── #footer{}   /* 页面底部（版权）*/
```

2）具体操作。

container ｛｝ CSS 样式

（1）在"Adobe BrowserLab"面板中，选择"插入"→"常用"→"插入 DIV 标签"，弹出如图 3-3 所示对话框，在插入中选择在 < body > 开始标签之后，单击新建 CSS 规则，弹出如图 3-4 所示对话框。

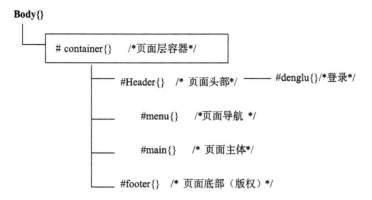

图 3-3　插入 DIV 标签

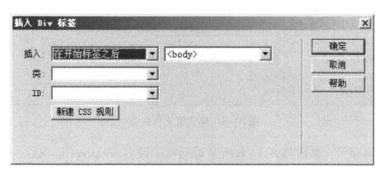

图 3-4　新建 CSS 规则

（2）"选择器类型"→"ID（仅应用于一个 HTML 元素）"，"选择器名称"输入"container"，"规则定义"→"新建样式表文件"，弹出如图 3 - 5 所示对话框，选择 style. css 样式文件，单击保存。

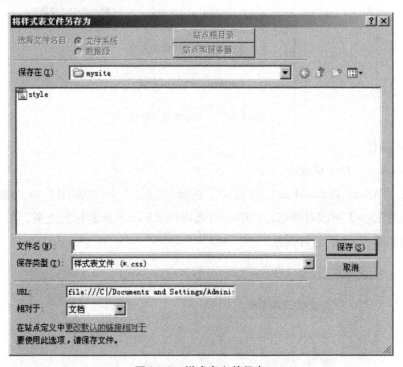

图 3 - 5　样式表文件保存

（3）单击保存后，弹出如图 3 - 6 所示对话框，设置 container 层属性：宽度为 900 像素，上下边距为 0，左右边距为自动，文本对齐方式为左对齐。

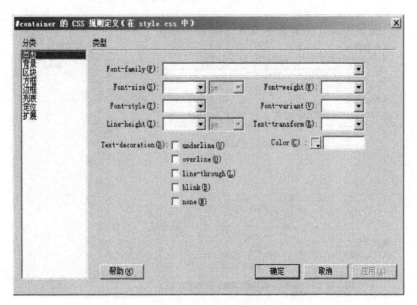

图 3 - 6　#container 的 CSS 规则定义

（4）其他样式和#container 的 CSS 规则定义操作相同，只是属性不同。

默认样式：边距为 0px，填充为 0px。

①Body 的属性：文本对齐方式为居中，背景颜色为白色，背景图片为 images 文件夹下 body_ bg.jpg，水平居中对齐，垂直为上对齐，图片纵向重复，字体颜色为#131313，字符间距为 90%，字体为 Georgia，Times - New - Roman，serif；

②#Header ｛｝的属性：宽度为 860px，高度为 110px，背景颜色为白色，背景图片为 images 文件夹下的 header.jpg，图片不重复，填充为 20px，定位方式为相对定位；

③#denglu ｛｝的属性：高度为 20px，宽度为 100px，右浮动；

④#menu ｛｝的属性：宽度为 898px，高度为 27px，左浮动，背景颜色为灰色，字体颜色为白色，填充为 0px，边框粗细为 1px，样式为实线，颜色为深灰色；

⑤#main ｛｝的属性：宽度为 900px，高度为自动，浮动为左浮动；

⑥#footer ｛｝的属性：左清除，宽度为 860px，高度为 40px，上填充为 40px，下、左、右填充均为 20px，背景颜色为白色，背景图片为 images 文件夹下 rose - line.jpg，水平居中对齐，垂直为上对齐，图片不重复，上边框宽度为 1px，样式为实线，颜色为灰色。

3）实现代码。

（1）确定各层的 CSS 样式。

在 style.css 文件中添加如下代码。

```
/* 默认样式 */
{
    margin:0;  /* 边距为 0px*/
    padding:0;  /* 填充为 0px */
}
/* 主体样式 */
    body{
        text - align:center;  /* 文本对齐方式为居中*/
        background:#fff  url(images/body_bg.jpg)top center repeat - y;
        /* 背景颜色为白色,背景图片为 images 文件夹下 body_bg.jpg,水平居中
            对齐,垂直为上对齐,图片纵向重复*/
        color:#131313;/* 字体颜色为#131313*/
        font - size:90% ;/* 字符间距为 90% */
        font - family:Georgia,"Times - New - Roman",serif;
    /* 字体为 Georgia,Times - New - Roman,serif */
        }
```

```
/* 整体样式* /
    #container{
        width:900px;   /* 宽度为 900 像素* /
        margin:0 auto;   /* 上下边距为 0,左右边距为自动* /
        text-align:left;/* 文本对齐方式为左对齐* /
    }
/* 横幅样式 * /
    #header{
        position:relative;   /* 定位方式为相对定位* /
        width:860px;   /* 宽度为 860 像素 * /
        height:110px;   /* 高度为 110 像素* /
        background:#fff  url(images/header.jpg)left top no-repeat;
        /* 背景颜色为白色,背景图片为 images 文件夹下的 header.jpg,图片不重
        复* /
        padding:20px;/* 填充为 20px* /
    }
/* 导航样式* /
    #top -menu{
        width:898px;   /* 宽度为 898px* /
        height:27px;   /* 高度为 27px * /
        float:left;   /* 左浮动 * /
        background:#666;/* 背景颜色为灰色* /
        color:#fff;/* 字体颜色为白色* /
        padding:0px;/* 填充为 0px* /
        border:1px solid #333;/* 边框粗细为 1px,样式为实线,颜色为深灰
        色* /
    }
/* 主体样式* /
    #main{
        width:900px;/* 宽度为 900px* /
        min -height:400px;/*   * /
        height:auto;/* 高度为自动 * /
        float:left;/* 浮动为左浮动* /
    }
/* 版权样式* /
```

```
#footer{
    clear:left;/* 左清除 */
    width:860px;/* 宽度为860px*/
    height:40px;/* 高度为40px */
    padding:40px 20px 20px 20px;/* 上填充为40px,下、左、右填充均为
    20px */
    background:#fff url(images/rose-line.jpg)center top no-re-
    peat;
```
/* 背景颜色为白色,背景图片为images文件夹下rose-line.jpg,水平居中对齐,
  垂直为上对齐,图片不重复*/
```
    border-top-width:1px;/* 上边框宽度为1px*/
    border-top-style:solid;/* 上边框样式为实线*/
    border-top-color:#666;/* 上边框颜色为灰色*/
}
```
/* 导航样式*/
```
#top-menu{
    margin:0;/* 边距为0px*/
    padding:0;/* 填充为0px*/
    float:left;/* 浮动为左浮动*/
    font:bold 13px Arial;/* 字符格式为加粗、13px,字体为Arial */
    width:100% ;/* 宽度为100% */
    border:1px solid #666;/* 边框宽度为1px,样式为实线,颜色为灰色*/
    border-width:1px 0;/* 边框宽度上下为1px,左右为0px*/
    background:black url(images/blockdefault.gif)center center
    repeat-x;
```
/* 背景颜色为黑色,背景图片为images文件夹下blockdefault.gif,水平居中
  对齐,垂直居中对齐,图片横向重复*/
```
}
```
/* 登录样式*/
```
#denglu{
    float:right;/* 右浮动 */
    height:20px;/* 高度为20px*/
    width:100px;/* 宽度为100px*/
}
```
/* 导航项目样式 */

```
#top -menu li{
    display:inline;/* 显示方式为线性* /
}
```

（2）在 < body > </body > 之间加入以下代码。

```
< div id ="container" >
    < div id ="header" >
        < div id ="denglu" >
        < p class ="read_more" align ="right" > < a href ="#" > 登录 |
          </a > < a href ="#">注册 </a > </p >
        </div >
        < h1 > 我的空间 </h1 >
        < h2 > 欢迎光临我的空间！</h2 >
    </div > <! -- end header -- >
    < div id ="top -menu" >·
        < ul >
          < li class ="active" > < a href ="#" > 首页 </a > </li >
          < li > < a href ="#">日志 </a > </li > < li > < a href ="#" >
            相册 </a >
          </li > < li > < a  href ="#">音乐 </a > </li >
        </ul >
    </div >
    <! -- end top -nav -- >
    < div id ="main" >
            在这设计主体页面内容。。。。。。
    </div > <! -- end main -- >
    < div id ="footer" >
        < p > &copy;2014 by Site Owner </p >
    </div > <! -- end footer -- >
</div > <! -- end container -- >
```

（3）在 < head > </head > 之间插入如下代码。

```
< link rel ="stylesheet" type ="text/css" media ="all" href ="../
styles. css"/ >
```

3.2　主要知识点

3.2.1　CSS 样式表

1. CSS 样式表的概念

对于一个网页设计者来说，面对 HTML 语言一定不会感到陌生，因为它是所有网页制作的基础。但是如果希望网页能够美观、大方，并且升级方便，维护轻松，那么仅仅使用 HTML 是不够的，CSS 在这中间扮演着重要的角色。CSS（Cascading Style Sheet），中文译为层叠样式表，是用于控制网页样式并允许将样式信息与网页内容分离的一种标记性语言。

2. 为什么需要 CSS 样式表

通过定义 CSS 样式表，能让网页具有美观一致的界面，可以将网页制作得更加绚丽多彩。一个样式文件可以作用于多个页面，具有更好的易用性和扩展性，通过修改样式文件，能制作出内容相同而外观不同的多姿多彩的页面。此外，使用样式表能有效地分离网页的内容格式与外观控制，从而便于美工与程序员之间的分工协作，发挥各自的优势。

需要 CSS 样式表主要是基于以下几点原因：

（1）HTML 标签的外观样式比较单一。

只用 HTML 标记设计的网页中的文字的字体、颜色、大小、超链接、间距等样式都比较单一，为了弥补这个缺点，就需要使用 CSS 样式表来对 HTML 标签进行控制，从而实现更加丰富多彩的效果。

（2）样式表的作用相当于华丽的衣服。

同样的内容，采用不同的 CSS 样式表文件，可以看到不同的布局和效果。从美工的角度来看，可以更容易地调整页面外观，调整页面里某个部分的文字或者图片等，从而实现复杂多变的页面效果，因此样式表相当于一个页面甚至一个网站的华丽的衣服。图 3-7 所示的就是内容相同而外观不同的两个页面。

（3）样式表能实现内容与样式的分离，方便团队开发。

当今社会竞争日趋激烈，分工越来越细，每个人做的事越来越单一。开发一个网站也不例外，往往需要美工和程序设计人员的配合，美工做样式，程序员写内容，为了迎合这种需要，就出现了样式表。样式表能把内容结构和格式控制相分离，使网页可以仅由内容

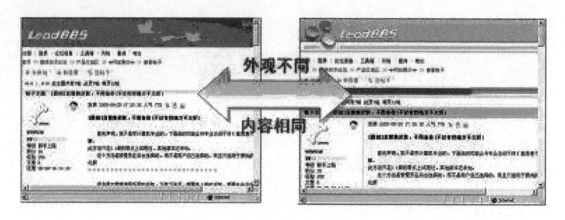

图 3 – 7　内容相同样式不同的页面

构成，而将所有的网页格式通过 CSS 样式表文件来控制，从而方便美工和程序员分工协作、各司其职、各尽其能，为开发出优秀的网站提供了有力的保障。

3. 样式表的语法

CSS 样式表语法格式：

选择器名称｛属性1：属性值；

　　　　　属性2：属性值；

　　　　　……；

　　　　　｝

样式规则的第一部分称为选择器。每个选择器都有属性以及对应的属性值。选择器（selector）是 CSS 中很重要的概念，所有 HTML 语言中的标记都是通过不同的 CSS 选择器进行控制的。用户只需要通过选择器对不同的 HTML 标签进行控制，并赋予各种样式声明，即可实现各种效果。大括号内的部分称为声明。声明由两部分组成：冒号前面的部分是属性，冒号后面的部分是该属性的值。一个选择器可以有多个属性，它们可以写在一起，用分号隔开。

其中选择器包括以下 5 种：

（1）标签选择器（对标记起作用），如图 3 – 8 所示。

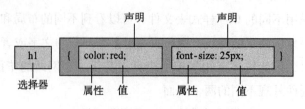

图 3 – 8　标签选择器

例如，创建一个标签样式规则来指定所有 < p > 标题的颜色均为红色，字体为隶书，字号为24px。可以用来修饰网页中所有 < p > 标签的样式。

样式规则如下：

p{ color:red;font - family:"隶书";font - size:24px;}

（2）类选择器（以"."号开始，类名可随意命名，可应用于任何 HTML 元素），如图 3 - 9 所示。

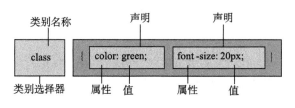

图 3 - 9　类选择器

例如，创建一个类样式规则，类名称为 red，字体颜色均为红色，字体为隶书，字号为 24px。

样式规则如下：

. red{color:red;font - family:"隶书";font - size:24px;}

（3）ID 选择器（以"#"号开始，ID 名可随意命名，仅应用于一个 HTML 元素），如图 3 - 10 所示。

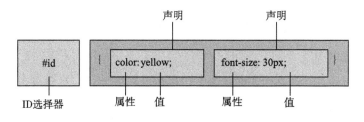

图 3 - 10　ID 选择器

例如，创建一个 ID 选择器样式规则，ID 名称为 head，宽度为 900px，字体为隶书，字号为 24px。

样式规则如下：

#head{width:900px;font - family:"隶书";font - size:24px;}

注：同一个 ID 选择器不能同时出现在两个标记中，原因是 ID 不但用于 CSS，同时也是 Javascript 语法的一个目标设置，所以相同的 ID 名称会造成混乱。

（4）复合内容，如图 3 - 11 所示。

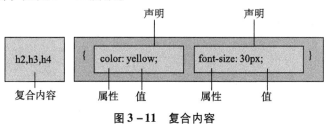

图 3 - 11　复合内容

在利用 CSS 选择器控制 HTML 标记时，除了每个选择器的属性可以一次声明多个外，选择器本身也可以同时声明多个，并且任何形式的选择器包括标签选择器、类选择器、ID 选择器等都是合法的。对多个不同标签的元素统一设置风格样式时，需要使用样式的复合声明。

例如，创建一个复合内容规则，对 h1，h2，h3 设置字体为隶书，字号为 24px。

样式规则如下：

h1,h2,h3{ font - family:"隶书";font - size:24px;}

（5）默认选择器（用"＊"表示），如图 3－12 所示。

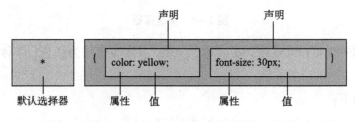

图 3－12　默认选择器

例如，创建一个默认选择器样式规则，字体为宋体，字号为 12px。

样式规则如下：

＊ { font - family:"宋体";font - size:12px;}

4. 样式表的基本结构

样式表分为两种：一种是内部样式表，仅供该文档使用；一种是外部样式表，可通过连接实现不同网页的格式定义。

（1）内部样式表。

一般位于 HTML 文件的头部，即 < head > 和 </head > 标签之间，定义的样式规则就可应用到当前页面中。< style > 和 </style > 标签之间的所有内容都是样式规则。

内部样式表的基本结构为：

……

```
< head >
< style type ="text/css" >
        选择器名称{
            属性 1:属性值 1;
            属性 2:属性值 2;
            }
……

</style >
</head >
```

例 3 - 1：实现如图 3 - 13 所示效果图。

图 3 - 13 例题效果图

其中："静夜思"用 h2 复合内容定义，属性为字体"黑体"，字号 48px，颜色为黑色；第二、三、五行采用类选择器定义，名称为 red，属性为颜色红色，字体"隶书"；第四行采用 p 标记选择器定义，属性为颜色黑色，字体"宋体"，字体大小 24px。

实现代码如下：

```
<html >
<head >
<title >样式规则 </title >
<style type ="text/css" >
      .red{ color:red;font - family:"隶书";}
      <! --类选择器 -- >
      h2,h3,h4{ font - family:"黑体";font - size:48px;color:#000}
      <! --复合选择器 -- >
      p{ color:#000;font - family:"宋体";font - size:24px;}
</style >
</head >
<body >
      <h2 >静夜思 </h2 >
      <! --应用了名为 red 的类选择器 -- >
```

```
<p class ="red">床前明月光,</p>
<p class ="red">疑是地上霜。</p>
<p>举头望明月,</p>
<! --该段没有采用任务样式,按默认样式显示 -->
<p class ="red">低头思故乡。</p>
```

```
</body>
</html>
```

（2）外部样式表。

CSS 样式的信息并不写在网页中，而是通过一个文件的形式进行链接用于显示样式（主流实用）。

CSS 样式文件的后缀名为 ".css"，将所有的 CSS 样式规则定义在这个文件中。当文档要使用样式规则时，只用在 <head></head> 中加入链接代码，链接代码如下：

```
<link rel ="stylesheet" type ="text/css" media ="all" href ="../
styles.css"/>
```

例 3 - 2：采用外部样式实现如图 3 - 13 效果图，具体操作如下：

①CSS 样式规则定义。

新建一个 CSS 样式文件，选择 "文件" → "新建" → "CSS"，如图 3 - 14 所示，将以上 CSS 样式规则定义在该文件中，如图 3 - 15 所示，以 style. css 命名并保存。

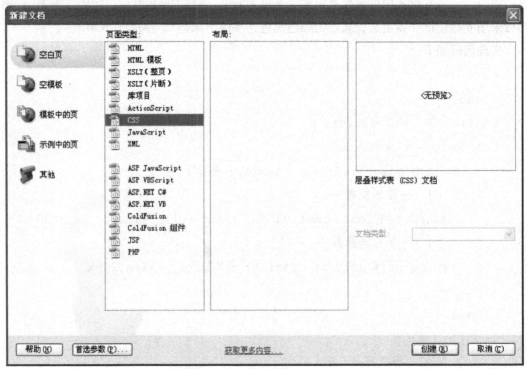

图 3 - 14　新建 CSS 样式文件

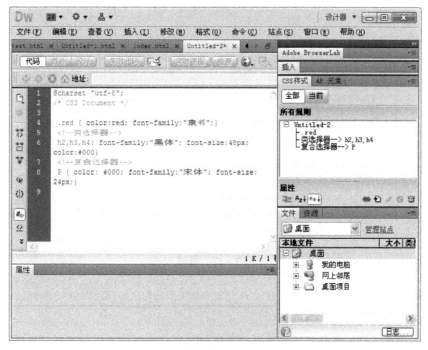

图 3 – 15　外部样式定义 CSS 规则

②创建页面。

新建一个 HTML 文件，选择"文件"→"新建"→"HTML"，在 < head > < /head > 中加入链接代码，在 < body > < /body > 中加入页面代码，实现效果如图 3 – 16 所示。

图 3 – 16　链接 CSS 样式文件

5. CSS 样式属性

（1）类型（如图 3 − 17 所示）。

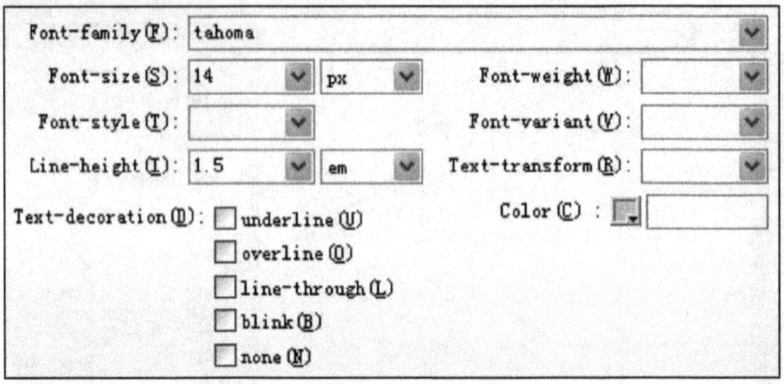

图 3 − 17　类型

font − family：字体

font − size：字体大小

font − weight：字体浓淡

font − style：字体风格，如：斜体、正常等

font − variant：字体变量（用来设定字体是正常显示，还是以小型大写字母显示）

line − height：行高（用来设定字行间距）

text − transform：文本转换（用来设定字体的大小写转换）

text − decoration（字体装饰）：underline 下划线

overline 上划线

line − through 线 − 穿过

link 闪光

none 无

（2）背景（如图 3 − 18 所示）。

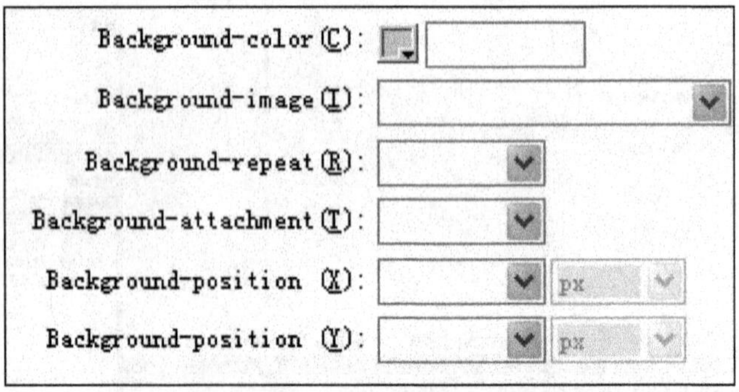

图 3 − 18　背景

background – color（C）：背景颜色

background – image（I）：背景图片

background – repeat（R）：背景重复

background – attachment（T）：背景附着（用来设定背景图片是否随文档滚动）

background – position（X）：背景位置 X

background – position（Y）：背景位置 Y

（3）区块（如图 3 – 19 所示）。

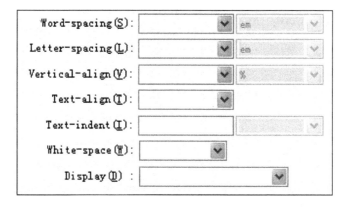

图 3 – 19　区块

word – spacing：词间距

letter – spacing：字符间距

vertical – align：垂直对齐

text – aline：水平对齐

text – indent：文本缩进

white – space：空白

dispaly：显示

（4）方框（如图 3 – 20 所示）。

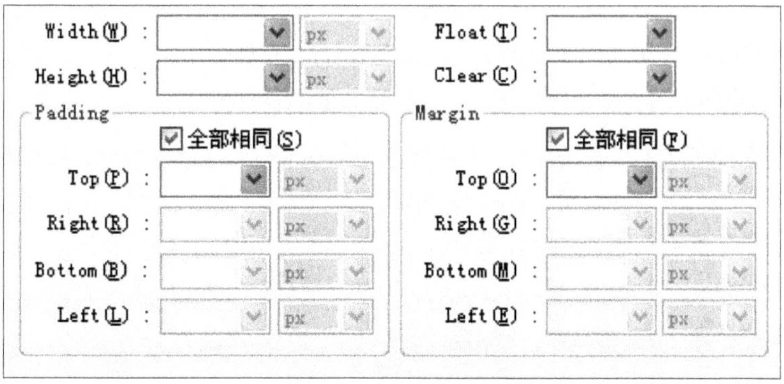

图 3 – 20　方框

width：宽度

height：高度

float：浮动

clear：规定元素的哪一侧不允许出现其他浮动元素

padding：填充（设定填充的宽度）

margin：边距（用来设定边距的宽度）

（5）边框（如图 3－21 所示）。

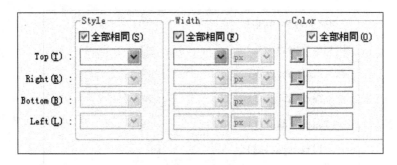

图 3－21 边框

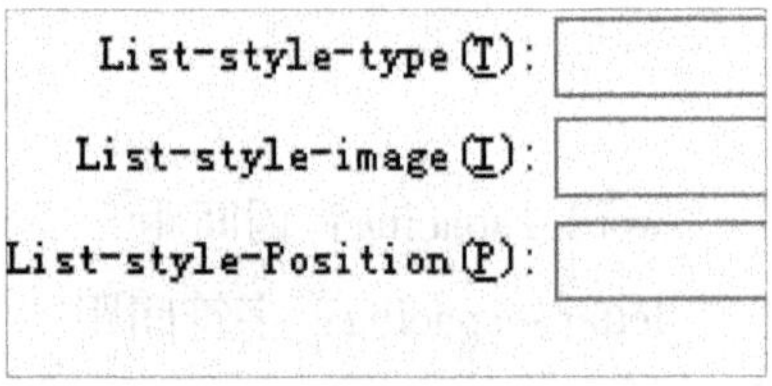

style：样式（如：虚线，等等）

width：宽度

color：颜色

（6）列表（如图 3－22 所示）。

list－style－type：列表样式类型（用来设定列表项
标记（list－item marker）的类型）

图 3－22 列表

list－style－image：列表样式图片（用来设定列表样式图片标记的地址）

list－style－position：列表样式位置（用来设定列表样式标记的位置）

（7）定位（如图 3－23 所示）。

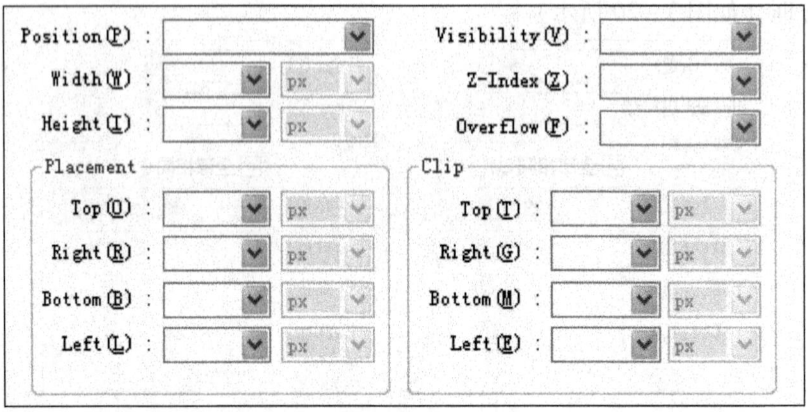

图 3－23 定位

position：位置

width：宽度

height：高度

visibility：规定元素是否可见（即使不可见，但仍占用空间，建议使用 display 来创建不占页面空间的元素）

z – index：设置元素的堆叠顺序（该属性设置一个定位元素沿 z 轴的位置，z 轴定义为垂直延伸到显示区的轴。如果为正数，则离用户更近，为负数则表示离用户更远）

overflow：规定当内容溢出元素框时发生的事情

placement：放置

clip：裁剪绝对定位元素

（8）扩展（如图 3 – 24 所示）。

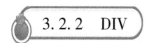

图 3 – 24　扩展

分页：page – break – before page – break – after

视觉效果：cursor 规定要显示的光标的类型（鼠标放在指定位置鼠标的形状）

注：请尽量少使用分页属性，并且避免在表格、浮动元素、带有边框的元素中使用分页属性。

3.2.2　DIV

1. 简介

DIV 是层叠样式表中的定位技术，全称 division，即为划分。

DIV 元素是用来为 HTML（标准通用标记语言下的一个应用）文档内大块（block – level）的内容提供结构和背景的元素。

当把文字、图像或其他的元素放在 DIV 中，它可称作为"DIV block"或"DIV element"或"CSS – layer"，或干脆叫"layer"，而中文称作为"层次"。所以当我们以后看到这些名词的时候，就知道它们是指一段在 DIV 中的 HTML。

2. 定义

< div > 可定义文档中的分区或节（division/section）。

< div > 标签可以把文档分割为独立的、不同的部分。它可以用作严格的组织工具，并且不使用任何格式与其关联。

如果用 id 或 class 来标记 < div >，那么该标签的作用会变得更加有效。

在 div 中，有以下属性：id、class、title、style 和 dir 等。

3. 用法

< div > 是一个块级元素。这意味着它的内容自动地开始新的一行。实际上，换行是 < div > 固有的唯一格式表现。可以通过 < div > 的 class 或 id 应用额外的样式。

不必为每一个 < div > 都加上类或 id，虽然这样做也有一定的好处。

可以对同一个 < div > 元素同时应用 class 和 id 属性，但是更常见的情况是只应用其中一种。这两者的主要差异是，class 用于元素组（类似的元素，或者可以理解为某一类元素），而 id 用于标识单独的唯一的元素。

4. 实例

文档中的一个部分显示为绿色：

```
< div style = "color:#00FF00" >
    < h3 > This is a header. < /h3 >
    < p > This is a paragraph. < /p >
< /div >
```

3.2.3 列表标记

列表标记在网页中的应用也是很广泛的，列表的效果和在 word 的操作效果一样，当输入 1 序列符号时，如果我们回车，此时则会自动产生 2。在网页里也是一样，只不过此时使用标记来定义。

列表主要分为：有序列表（ol）和无序列表（ul）。

1. 有序列表

（1）创建有序列表。

创建有序列表需要使用有序列表标记符 ol 和列表项标记符 li，其中 li 标记符的结束标记符可以省略，基本语法如下：

```
< ol >
< li > 列表项 1
< li > 列表项 2
< li > 列表项 3
```

```
</ol>
```

ol 标记符具有两个常用的属性：type 和 start，分别用来设置数字序列样式和数字序列的起始值。start 属性的值可以是任意整数，type 属性的值如表 3 – 1 所示。

表 3 – 1 有序列表的 type 属性值

值	含义
1	阿拉伯数字：1、2、3 等，此选项为默认值
A	大写字母：A、B、C 等
a	小写字母：a、b、c 等
I	大写罗马数字：I、II、III、IV 等
i	小写罗马数字：i、ii、iii、iv 等

当位于 ol 标记符内时，li 标记符具有两个常用的属性：type 和 value。type 属性用于设置数字样式，取值与 ol 的 type 属性相同；value 属性用于指定一个新的数字序列起始值，以获得非连续性的数字序列。

例如，以下 HTML 代码显示了如何创建不同的有序列表，效果如图 3 – 25 所示。

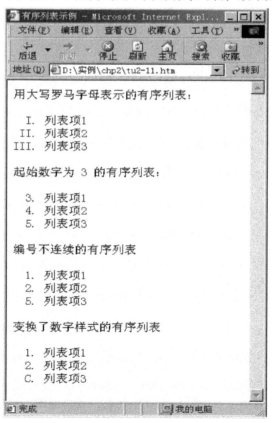

图 3 – 25 有序列表示例

```
<html>
<head>
    <title>有序列表示例</title>
</head>
<body>
```
用大写罗马字母表示的有序列表：
```
<ol type="I">
    <li>列表项1
    <li>列表项2
    <li>列表项3
</ol>
```
起始数字为 3 的有序列表：
```
<ol start="3">
    <li>列表项1
    <li>列表项2
    <li>列表项3
</ol>
```
编号不连续的有序列表
```
<ol>
  <li>列表项1
  <li>列表项2
  <li value="5">列表项3
</ol>
```
变换了数字样式的有序列表
```
  <ol>
   <li>列表项1
   <li>列表项2
   <li type="A">列表项3
  </ol>
</body>
</html>
```
（2）有序列表的嵌套。

以下 HTML 代码即显示了一个嵌套的有序列表，效果如图 3-26 所示。
```
<html>
<head><title>嵌套的有序列表</title></head>
```

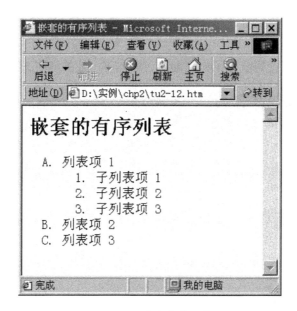

图 3 - 26　嵌套有序列表

```
<body>
<h2>嵌套的有序列表</h2>
  <ol type="A">
  <li>列表项 1
    <ol>
      <li>子列表项 1
      <li>子列表项 2
      <li>子列表项 3
    </ol>
  <li>列表项 2
  <li>列表项 3
  </ol>
</body>
</html>
```

2. 无序列表

创建无序列表需要使用有序列表标记符 ul 和列表项标记符 li，其中 li 标记符的结束标记符可以省略，基本语法如下：

```
<ul>
  <li>列表项 1
  <li>列表项 2
```

```
<li>列表项 3
</ul>
```

例如：以下 HTML 代码显示了如何创建无序列表，效果如图 3 – 27 所示。

图 3 – 27　无序列表示例

```
<html>
<head><title>无序列表示例</title></head>
<body>
默认无序列表：
<ul>
    <li>列表项 1
    <li>列表项 2
    <li>列表项 3
</ul>
使用方块作为列表项标记的无序列表：
<ul type ="square">
    <li>列表项 1
    <li>列表项 2
    <li>列表项 3
</ul>
```

使用圆形作为列表项标记的无序列表：

```
<ul type="circle">
  <li>列表项1
  <li>列表项2
  <li>列表项3
</ul>
</body>
</html>
```

3. 混合嵌套列表

有序列表和无序列表也可互相嵌套，如以下 HTML 代码，效果如图 3 - 28 所示。

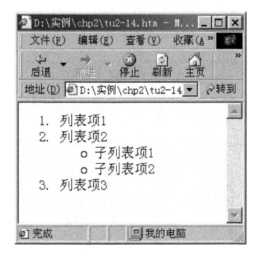

图 3-28　混合嵌套列表

```
<ol>
    <li>列表项1
    <li>列表项2
    <ul>
        <li>子列表项1
        <li>子列表项2
    </ul>
    <li>列表项3
</ol>
```

3.3 单元小结

本单元主要讲述模板的制作过程，要求掌握 DIV 的概念和使用、CSS 样式的概念和属性设置、列表的概念和分类等基本知识。以实例方式完成网站模板制作，在制作过程中要注意以下几点：

1）要沉稳，不要花里胡哨；

2）要素净、大气，不要五彩缤纷；

3）要有个性、有风格，要突出行业的特点。

3.4 拓展知识

1. 运用本单元所学习的列表知识，完成如图 3 – 29 所示的布局设计。

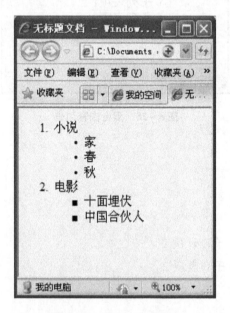

图 3 – 29　拓展知识效果图

2. 填空题。

1）CSS 属性中＿＿＿＿＿＿能够设置文本加粗。

2）CSS 属性中＿＿＿＿＿＿可以更改字体大小。

3）_____是包括服务器规范在内的完全路径。

4）默认的超链接文字是_____颜色。

3. 选择题。

1）在 CSS 语言中下列哪一项是"左边框"的语法？（　　　）

  A. border – left – width：＜值＞　　　　B. border – top – width：＜值＞

  C. border – left：＜值＞　　　　　　　D. border – top – width：＜值＞

2）下列哪个 CSS 属性可以更改字体大小？（　　　）

  A. text – size　　　B. font – size　　　　C. text – style　　　　D. font – style

3）下列哪一项是 CSS 正确的语法构成？（　　　）

  A. body：color＝black　　　　　　　B. ｛body；color：black｝

  C. body｛color：black；｝　　　　　　D. ｛body：color＝black（body｝

4）下列的 HTML 中哪个可以插入一条水平线？（　　　）

  A. ＜br＞　　　　B. ＜hr＞　　　　　　C. ＜break＞　　　　　D. ＜p＞

5）如何产生带有数字列表符号的列表？（　　　）

  A. ＜ul＞　　　　B. ＜dl＞　　　　　　C. ＜ol＞　　　　　　D. ＜list＞

学习情境 4　网站首页设计

网站首页是一个网站的入口网页，相当于网站的脸面，故往往会被编辑得易于了解该网站，并引导互联网用户浏览网站其他部分的内容。这部分内容一般被认为是一个目录性质的内容。大多数作为首页的文件名是 index、default、main 或 portal 加上扩展名。

学习目标

本学习情境主要是让读者掌握网站首页设计的方法及技巧。通过本学习情境的学习，读者将掌握以下知识点：

1. 熟悉"盒子模型"理论；

2. 掌握网页元素之间的布局模型；

3. 掌握图片标记、段落标记、列表标记、超级链接标记等标记的使用；

4. 掌握 Dreamweaver 站点的建立和管理；

5. 熟悉图文混排的方法和技巧。

效果预览

首页设计的效果图如图 4 - 1 所示。

图 4 - 1　首页设计效果图

4.1　任务分解

任务 1　"个人资料"设计

【任务内容】

1. 采用浮动布局技术进行布局控制；

2. 用 CSS 样式表标题标记来控制标题文字的显示；

3. 个人资料信息采用无序列表的形式显示；

4. "相册"标题的添加；

5. 最终实现如图 4 - 2 所示的效果图。

个人资料

昵称：火狐
性别：男
年龄：25
星座：处女座
爱好：音乐、体育

相册

图 4 - 2　"个人资料"效果图

【实现步骤】

1）确定效果图层位置，如图 4 - 3 所示。

2）设计代码。

（1）确定层、标题、列表的 CSS 样式。

在 style. css 文件中添加如下代码。

/* 个人资料盒子模型 * /

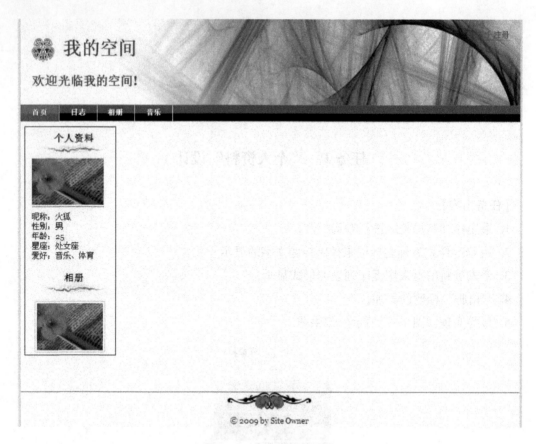

图4-3 个人资料效果图

```
#left {
        width:150px;              /* 宽度为 150 像素 */
        float:left;               /* 浮动为左浮动 */
        height:450px;             /* 宽度为 150 像素 */
        padding－top:0px;          /* 上填充为 0 像素 */
        padding－right:30px;       /* 右填充为 30 像素 */
        padding－bottom:20px;      /* 下填充为 20 像素 */
        padding－left:20px;        /* 左填充为 20 像素 */
}
/* 标题样式设计 */
#left h2{
        background:#fff  url（images/line.jpg）center bottom no－re-
        peat;
/* 背景颜色为白色,背景图片为 line.jpg,水平居中对齐,垂直靠下对齐,图片平铺
不重复 */
```

```
        padding - bottom:25px;/* 下填充为 25 像素 * /
        text - align:center;   /* 文本对齐方式为居中* /
        margin - top:20px;        /* 上边界为 20 像素 * /
        margin - bottom:0px;      /* 下边界为 0 像素 * /
}
/* 列表样式设计* /
#left ul{
        list - style:none;   /* 列表样式为无样式* /
}
/* 列表中列表项样式设计* /
#left ul li{
        display:inline;/* 显示方式为行* /
        text - align:center;/* 文本对齐方式为居中* /
}
/* 列表中超级链接样式设计* /
#left ul li a{
        display:block;/* 显示方式为块状* /
        border - bottom:0 none;/* 下边框粗细为 0 像素,无样式* /
        font - weight:normal;/* 字高度* /
}
```

（2）在＜div id＝"main"＞和＜/div＞中添加如下代码。

```
< div id ="left" >
    < ul >
        < li > < h2 >个人资料 < /h2 > < /li >
        < p >
            < a href ="#" >
            < img style ="border:0;width:130px;height:80px" src
            =" file:///F |/网页设计/网页设计/网站/images/read-
            ing. jpg" alt ="Valid CSS!"/ >
            < /a >
        < /p >
        < li >昵称:火狐 < br/ > < /li >
        < li >性别:男 < br/ > < /li >
        < li >年龄:25 < br/ > < /li >
        < li >星座:处女座 < br/ > < /li >
```

```
        <li >爱好:音乐、体育 <br/ > </li >
    </ul >
    <h2 >相册 </h2 >
    <img  src ="file:///F |/网页设计/网页设计/网站/images/reading.jpg"
      width ="120" height ="81" alt ="gallery" class ="border"/ >
</div >
```

任务 2　"日志"设计

【任务内容】

1. 设置网页图文混排；

2. 设置超级链接文本样式；

3. 在网页中实现段落文本；

4. 最终实现的效果如图 4 − 4 所示。

图 4 − 4　"日志"设计效果图

【实现步骤】

1）确定效果图层位置，如图 4 − 5 所示。

2）操作代码。

（1）确定 div、超级链接、段落、图片的 CSS 样式。

在 style. css 文件中添加如下代码。

```
/* 日志样式设计* /
#content{
    float:left;/* 左浮动* /
```

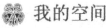

图 4 - 5　"日志"图层位置

```
    width:430px;/* 宽度为 430 像素* /
    background:#fff　url(images/rose.jpg)left 20px no-repeat;
/* 背景颜色为白色,背景图片为 images/rose.jpg,左缩进 20 像素,图片不重复 * /
    height:370px;/* 高度为 370 像素* /
    padding-top:40px;/* 上填充为 40 像素* /
    padding-right:35px;/* 右填充为 35 像素* /
    padding-bottom:30px;/* 下填充为 30 像素* /
    padding-left:35px;/* 左填充为 35 像素* /
}
/* 段落样式设计* /
p{
    margin-bottom:10px;/* 下边距为 10 像素* /
}
/* 超级链接样式设计* /
a,a:link,a:visited{
```

```
    color:#C00;/* 字体颜色为#C00* /
    text - decoration:none;/* 字体装饰为无* /
    border - bottom:1px dotted #990000;
/* 下边框粗细为 1 像素、虚线、颜色为#990000* /
}
a:hover{
    color:#003366;/* 字体颜色为#003366* /
    border - bottom:1px dotted #003366;
/* 下边框粗细为 1 像素、虚线、颜色为#003366* /
}
/* 标题样式设计* /
h1,h2,h3,h4,h5{
    margin:0 0 10px 0;/* 左边距为 10 像素* /
    background:transparent;
}
h2,h3{
    font - size:1.2em;/* 行高为 1.2 倍* /
    margin - top:20px;/* 上边距为 20 像素* /
}
/* 图文混排样式设计* /
img. border{
    padding:3px;/* 填充为 3 像素* /
    border:1px solid #ccc;/* 边框粗细为 1 像素、实线、灰色* /
    margin:5px;/* 边距为 5 像素* /
}
/* 图片右浮动样式* /
img. right{
    float:right;/* 右浮动* /
    border:1px solid #ccc;/* 边框粗细为 1 像素、实线、灰色* /
    padding:3px;/* 填充为 3 像素* /
    margin:0px 5px 5px 5px;/* 上边距为 0 像素,其余都为 5 像素* /
}
/* 图片左浮动样式* /
img. left{
    float:left;/* 左浮动* /
```

```
    border:1px solid #ccc;
    padding:3px;/* 填充为 3 像素* /
    margin:5px 6px 5px 0;
/* 上边距 5 像素,下边距 6 像素,左边距为 5 像素,右边距为 0 像素* /
}
```

(2) 在 <div id="left"> </div> 之间添加如下代码。

```
<div id="content">
    <h2>开题报告的写法</h2>
        <p>
            <img src="file:///D |/mysite/images/image1.jpg" class
="right" width="150" height="100" alt="Bild"/>开题报告是指
开题者对科研课题的一种文字说明材料。这是一种新的应用写作文体,这
种文字体裁是随着现代科学研究活动计划性的增强和科研选题程序化管
理的需要应运而生的...
        </p>
        <p class="read_more" align="right">
            <a href="#">查看全文 |</a>
            <a href="#">阅读(0) |</a>
            <a href="#">评论(0) |</a>
            <a href="#">转载  |</a>
            <a href="#">分享</a>
        </p>
    <h2>网站布局原则</h2>
        <p>创建好本地站点就可以开始制作网页了。在 Dreamweaver 中制作
网页非常简单,可以在网页上插入文本段落、图像、Flash 动画、表、动态 HTML
效果、声音以及超级链接,这些都可以... </p>
        <p class="read_more" align="right">
            <a href="#">查看全文 |</a>
            <a href="#">阅读(0) |</a>
            <a href="#">评论(0) |</a>
            <a href="#">转载  |</a>
            <a href="#">分享</a>
        </p>
</div>
```

任务 3　"最新日志"设计

【任务内容】

1. 采用浮动布局技术进行布局控制；
2. "最新日志"信息采用无序列表的形式显示；
3. "日志分类"标题的添加；
4. "友情链接"的字幕滚动；
5. 最终实现的效果如图 4 - 6 所示。

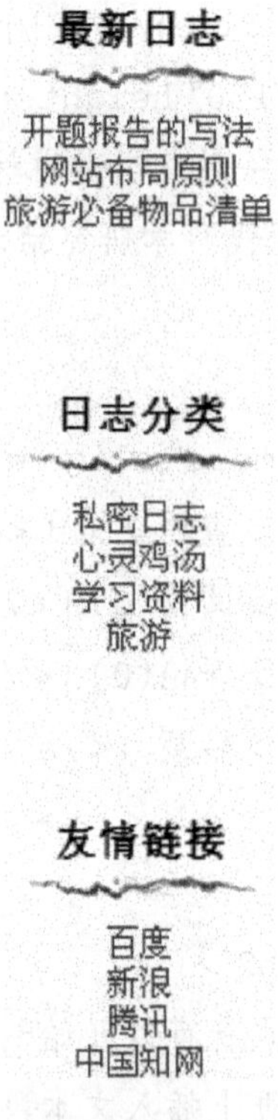

最新日志

开题报告的写法
网站布局原则
旅游必备物品清单

日志分类

私密日志
心灵鸡汤
学习资料
旅游

友情链接

百度
新浪
腾讯
中国知网

图 4 - 6　"最新日志"设计效果图

【实现步骤】

1）确定效果图层位置，如图 4 - 1 所示。

2）操作代码。

（1）确定右边标题、右边列表的 CSS 样式。

在 style. css 文件中添加如下代码。

```
/* 最新日志样式设计* /
#right{
    float:left;/* 左浮动* /
```

```
    width:150px;/* 宽度为 150 像素* /
    padding - top:0px;/* 上填充为 0 像素* /
    padding - right:30px;/* 右填充为 30 像素* /
    padding - bottom:20px;/* 下填充为 20 像素* /
    padding - left:20px;/* 左填充为 20 像素* /
    height:580px;/* 高度为 580 像素* /
}
/* 列表样式设计* /
#right ul{
    list - style:none;/* 列表样式为无* /
}
#right ul li{
    display:inline;/* 显示方式以线性* /
    text - align:center;/* 文本对齐方式为居中* /
}
/* 列表超级链接样式设计* /
#right ul li a{
    display:block;/* 显示方式以块状* /
    border - bottom:0 none;/* 下边框粗细为 0,无样式* /
    font - weight:normal;/* 字体无样式* /
}
/* 最新日志标题样式设计* /
#right h2{
    background:#fff  url(images/line. jpg)center bottom no - repeat;
    /* 背景颜色为白色,背景图片为 images/line. jpg,x 轴为居中,y 轴为靠下,不
      重复* /
    padding - bottom:25px;/* 下填充为 25 像素* /
    text - align:center;/* 文本居中对齐* /
    margin - top:20px;/* 上边距为 20 像素* /
    margin - bottom:0px;/* 下边距为 0 像素* /
}
```

(2) 在 < div id = "content" > </div > 之间添加如下代码。

```
< div id = "right" >
    < ul >
        < li > < h2 > 最新日志 </h2 > </li >
```

```
        <li > <a href ="#" > <center >开题报告的写法 </center > </a >
        </li >
        <li > </li >
        <li > <a href ="#" > <center >网站布局原则 </center > </a >
        </li >
        <li > <a href ="#" > <center >旅游必备物品清单 </center >
        </a > </li >
    </ul >
    <ul >
        <li > <h2 >日志分类 </h2 > </li >
        <li > <a href ="#" > <center >私密日志 </center > </a >
        </li >
        <li > <a href ="#" > <center >心灵鸡汤 </center > </a >
        </li >
        <li > <a href ="#" > <center >学习资料 </center > </a >
        </li >
        <li > <a href ="#" > <center >旅游 </center > </a > </li >
    </ul >
    <ul >
        <li > <h2 >友情链接 </h2 > </li >
        <marquee direction ="up"  height ="80" scrollamount ="2" >
        <li > <a href ="#" > <center >百度 </center > </a >
        </li >
        <li > <a href ="#" > <center >新浪 </center > </a >
        </li >
        <li > <a href ="#" > <center >腾讯 </center > </a >
        </li >
        <li > <a href ="#" > <center >中国知网 </center > </a >
        </li >
        </marquee >
    </ul >
</div >
```

4.2　主要知识点

4.2.1　CSS 盒子模型

CSS 中的盒子模型是用于描述一个为 HTML 元素形成的矩形盒子，是 DIV 排版的核心所在。传统上是通过大小不一的表格和表格嵌套来定位排版网页内容的，改用 CSS 排版后，就是通过由 CSS 定义的大小不一的盒子和盒子嵌套来编排网页。用这种方式排版的网页代码简洁，更新方便，能兼容更多的浏览器。

1. 盒子模型原理

在网页设计中常听的属性名：内容（content）、填充（padding）、边框（border）和边界（margin），CSS 盒子模式都具备这些属性。

我们可以把这些属性转移到我们日常生活中的盒子（箱子）上来理解，日常生活中所见的盒子是能装东西的一种箱子，也具有这些属性，所以叫它盒子模型。

网页就是由许多个盒子通过不同的排列方式（上下排列、并列排列、嵌套排列）堆积而成，如图 4－7 所示。

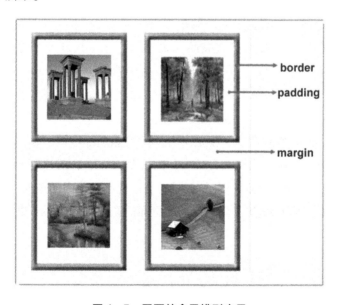

图 4－7　网页的盒子模型应用

2. 盒子模型特点

每个 HTML 元素都可以看作是一个装了东西的盒子。

每个盒子都有边界、边框、填充和内容四个属性。

盒子里面的内容到盒子的边框之间的距离即填充（padding），盒子本身有边框（border），而盒子边框外和其他盒子之间还有边界（margin）。每个属性都包括四个部分：上（top）、右（right）、下（bottom）、左（left），这四部分可同时设置，也可分别设置。填充的宽度可理解为抗震辅料厚度；边框的大小和颜色之分，我们又可以理解为生活中所见盒子的厚度以及这个盒子是用什么颜色、材料做成的；边界就是该盒子与其他东西要保留多大的距离。如图 4 - 8 所示。

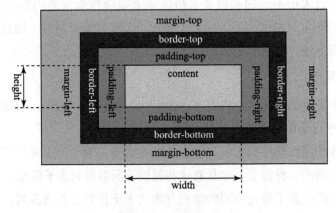

图 4 - 8　盒子模型

（1）内容（content）就是盒子里装的东西。

（2）填充（padding）是怕盒子里装的（贵重的）东西损坏而添加的泡沫或者其他抗震的辅料。填充只有宽度属性，可以理解为生活中盒子。每个 html 标记都可看作一个盒子。

（3）边框（border）就是盒子本身了。

（4）边界（margin）则说明盒子摆放的时候的不能全部堆在一起，要留一定空隙保持通风，同时也为了方便取出。在网页设计上，内容常指文字、图片等元素，但是也可以是小盒子（DIV 嵌套），与现实生活中盒子不同的是，现实生活中的东西一般不能大于盒子，否则盒子会被撑坏的，而 CSS 盒子具有弹性，里面的东西大过盒子本身最多把它撑大，但它是不会损坏的。

注：

边界值 margin 可为负，填充 padding 不可为负。

边框 border 默认值为 0，即不显示。

行内元素，如 a，定义上下边界不影响行高。

3. 盒子大小的计算

元素实际宽度 = 左边界 + 左边框 + 左填充 + 内容宽度 + 右填充 + 右边框 + 右边界

元素实际高度 = 上边界 + 上边框 + 上填充 + 内容高度 + 下填充 + 下边框 + 下边界

例如：一个元素的宽度为 200 像素，填充为 40 像素，边框为 10 像素，边界为 20 像素，那么它的实际宽度如图 4 - 9 所示。

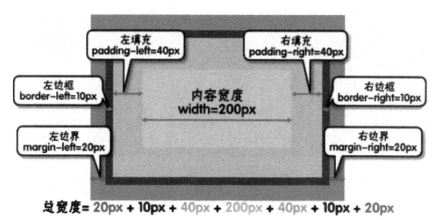

图 4 - 9　元素的实际宽度计算

4. 属性设置

（1）边距（margin）属性。

盒子模型的 margin 比较简单，只能设置宽度值，最多分别对上（top）、右（right）、下（bottom）、左（left）设置宽度值。

（2）边框（border）属性。

边框（border）则可以设置宽度、颜色和样式。

分别是 border - width（宽度）、border - color（颜色）和 border - style（样式），其中 border - style 属性可以将边框设置为实线（solid）、虚线（dashed）、点划线（dotted）、双线（double）等效果。

（3）填充（padding）属性。

填充（padding）属性，也称为盒子的内边距。就是盒子边框到内容之间的距离，和表格的填充属性（cellpadding）比较相似。如果填充属性为 0，则盒子的边框会紧挨着内容，这样通常不美观。

当对盒子设置了背景颜色或背景图像后，那么背景会覆盖 padding 和内容组成的范围，并且默认情况下背景图像是以 padding 的左上角为基准点在盒子中平铺的。

5. 盒子模型举例

例如要创建一个宽度为 300 像素，高度为 200 像素，边框粗细为 3 像素、实线、颜色为红色，填充上下左右都为 20 像素，边距上下左右都为 30 像素，背景颜色为黄色的盒子。如图 4 – 10 所示。

图 4 – 10   盒子模型预览效果

设计过程如下：

在 < body > 和 < /body > 标记之间加入如下代码：

```
< div id ="box" >
    < img src ="images/rose.jpg"/ >
</div >
```

对应的 CSS 样式代码如下：

```
#box{
    background - color:yellow;
    margin:30px;
    padding:20px;
    height:200px;
    width:300px;
    border:3px solid red;
}
```

CSS 样式创建为外部样式，命名为 box. css，然后在 < head > < /head > 中加入如下代码，引入该样式文件 box. css。

```
< link href ="style/box. css" rel ="stylesheet" type ="text/css"/ >
```

4.2.2 布局模型

在网页中，元素与元素之间的位置关系称为布局模型。布局模型有以下三种：

1. 流动布局模型 (Flow Model)

流动布局模型是 HTML 默认的布局模型。所谓流动是指元素依照在网页中代码的先后顺序依次从左到右，自上而下按照顺序动态分布，就像在 word 中输入文字一样，先输入的在左侧，后输入的紧接其后，一行满了就会自动换行。CSS 中，一个元素的默认布局模型就是流动模型。

例如：完成如图 4-11 所示的界面。

图 4-11　流动模型实例预览效果

代码如下：

```
<style type="text/css">
* {
    border:2px dashed #FF0066;
    padding:10px;
    margin:2px;
}
</style>
```

将以上代码加入 <head> </head> 之间。

```
<body>
    <div>网页的 banner(块级元素) </div>
        <a href="#">行内元素 1 </a>
```

<a href ="#" >行内 2 </a >

<a href ="#" >行内 3 </a >

<div >这是无名块 <p >这是盒子中的盒子 </p > </div >

</body >

2. 层布局模型（Layer Model）

流动布局模型中，元素是按照出现的先后顺序，在浏览器窗口中从左到右，从上到下的顺序排列的。这里所说的层布局模型是将浏览器的窗口按照多层进行对待的，如图 4 – 12 所示。

图 4 – 12　层布局模型效果图

为了支持层布局模型，CSS 定义了一组定位（positioning）属性。元素定位的设计思路非常简单，它允许用户精确定义网页元素的相对位置，这里的相对可以是相对元素原来显示的位置，或者是相对最近的包含块元素，或者是相对浏览器窗口。

CSS 样式通过 position 属性进行设置层布局模型，其语法格式如下：

```
div{
    position:absolute;
}
```

（1）定位类型。

CSS 对每个元素在层中的位置定位进行了限定，定位类型包括以下四种方式：

①static：表示不定位，元素遵循 HTML 默认的流动模型，如果未显式声明元素的定位类型，则默认为该值。

②absolute：表示绝对定位，将元素从文档流中拖出来，然后使用 left、right、top、bottom 属性相对于其最接近的一个具有定位属性的父包含块进行绝对定位。如果不存在这样的包含块，则相对于 body 元素，即根据浏览器窗口，而其层叠顺序则通过 z – index 属性来定义。

③fixed：表示固定定位，与 absolute 定位类型类似，但它的包含块是视图（屏幕内的网页窗口）本身。由于视图本身是固定的，它不会随浏览器窗口滚动条的滚动而变化，除非你在屏幕中移动浏览器窗口的屏幕位置，或改变浏览器窗口的显示大小。因此固定定位

的元素会始终位于浏览器窗口内视图的某个位置，不会受文档流动影响，这与 backgroun-dattachment：fixed 属性功能相同。

④relative：表示相对定位，它通过 left、right、top、bottom 属性确定元素在正常文档流（或者浮动模型）中的偏移位置。相对定位完成的过程是首先按 static（float）方式生成一个元素，然后移动这个元素，移动方向和幅度由 left、right、top、bottom 属性确定，元素的形状和偏移前的位置保留不动。

实现图 4 – 12 层布局模型效果图代码如下。

CSS 样式代码：

```
#box {
    background - color:#CCC;
    height:150px;
    width:200px;
    position:absolute;
    left:50px;
    top:50px;
}
#box1{
    background - color:  #999;
    height:150px;
    width:200px;
    position:relative;
    left:50px;
    top:50px;
}
#box2{
    background - color:  #666;
    height:150px;
    width:200px;
    position:relative;
    left:50px;
    top:50px;
}
#box3{
    background - color:  #333;
    height:150px;
```

```
        width:200px;
        position:relative;
        left:50px;
        top:50px;
    }
```

在<body></body>之间加入如下代码:

```
<div id="box">
 <div id="box1">
  <div id="box2">
   <div id="box3"></div>
  </div>
 </div>
</div>
```

(2) z-index 属性。

CSS 中，元素在浏览器中的层位置关系是用元素的 z-index 属性样式来确定的。z-index 属性的值越大，表明该元素越靠前，即越靠近浏览者。正是使用这种技术，很多网页中才有横幅加入了透明 Flash 的效果。

z-index 属性用于调整定位时重叠块之间的上下位置。与它的名称一样，想象页面为 x-y 轴，那么垂直于页面的方向就为 z 轴，z-index 值大的盒子位于值小的盒子的上方，可以通过设置 z-index 值改变盒子之间的重叠次序。默认的 z-index 值为 0，当两个盒子的 z-index 值一样时，则保持原来的高低覆盖关系。

z-index 属性和偏移属性一样，只对设置了定位属性 (position 属性值为 relative 或 absolute 或 fixed) 的元素有效。

举例说明 z-index 的效果，图 4-13 是未设置 z-index 属性效果图，图 4-14 是设置了 z-index 属性效果图。

图 4-13　未设置 z-index 属性效果图

图 4-14　设置了 z-index 属性效果图

3. 浮动布局模型 （Float Model）

在标准流动模型中，块级元素的盒子都是上下排列，行内元素的盒子都是左右排列，这在网页排版和表现中未免太单调。例如：有时我们希望相邻块级元素的盒子左右排列（所有盒子浮动）或者希望一个盒子被另一个盒子中的内容所环绕（一个盒子浮动）做出图文混排的效果，这时最简单的办法就是运用浮动属性。

CSS 样式通过 float 属性进行设置浮动布局模型，其语法格式如下：

```
div{
    float:left;
}
```

浮动模型是在布局中用到的最重要的概念之一，使用 float 属性进行控制。浮动的框可以左右移动，直到它的外边缘碰到包含它的框的内边缘或另一个浮动框的边缘。CSS 允许任何元素浮动。

对一个元素应用 float 属性会自动将它转变成一个块级元素，其他元素的内容在其周围流动。利用这个特性我们可以让文字环绕在图片周围，形成 Word 中文字环绕的效果。

float 可以取三个值：left：向左浮动；right：向右浮动；none：消除浮动。

举例说明浮动布局模型效果，如图 4 - 15 未设置浮动模型效果，如图 4 - 16 设置了浮动模型效果。

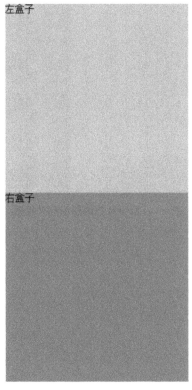

图 4 - 15　未设置浮动模型效果图

图 4-15 未设置浮动模型实现代码如下：

CSS 代码：

```
#box {
    background - color:#CCC;
    height:300px;
    width:300px;
}
#box1{
    background - color:#999;
    height:300px;
    width:300px;
}
```

Body 内部代码：

```
<div id ="box">左盒子</div>
<div id ="box1">右盒子</div>
```

图 4-16 设置了浮动模型实现代码如下：

图 4-16 设置了浮动模型效果图

CSS 代码：

```
#box {
    background - color:#CCC;
    height:300px;
    width:300px;
    float:left;
}
```

```
#box1{
    background-color:  #999;
    height:300px;
    width:300px;
    float:right;
}
```

Body 内部代码:

`<div id="box">左盒子</div>`

`<div id="box1">右盒子</div>`

多个盒子浮动的一些规则:

(1) 多个浮动元素不会相互覆盖,一个浮动元素的框碰到另一个浮动元素的框后便停止运动。如图 4-17 所示。

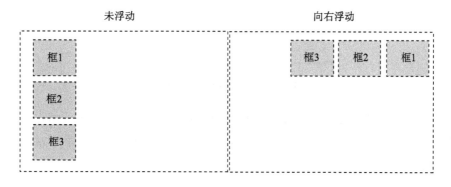

图 4-17　多个浮动元素

(2) 若包含的容器太窄,无法容纳水平排列的三个浮动元素,那么其他浮动块向下移动。但如果浮动元素的高度不同,那当它们向下移动时可能会被卡住。如图 4-18 所示。

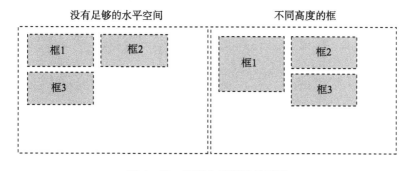

图 4-18　容器太窄浮动效果图

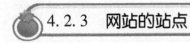

4.2.3　网站的站点

1. 创建站点

创建步骤：

第一步：打开"文件"面板，选择"管理站点"，弹出如图 4 – 19 所示对话框；

图 4 – 19　管理站点对话框

第二步：单击新建按钮后，弹出如图 4 – 20 所示对话框，创建本地站点，选择"站点"，并在"站点名称"处输入 mysite，"本地站点文件夹"处输入"D：\ mysite \"，然后点击保存；

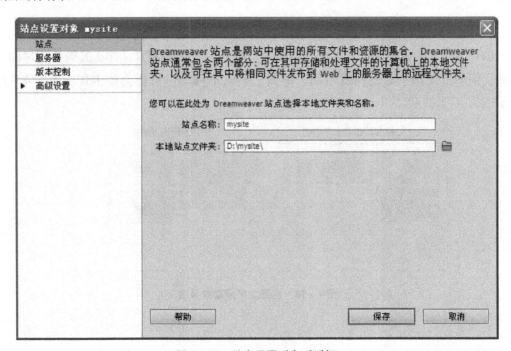

图 4 – 20　站点设置对象对话框

第三步：进入如图 4-21 所示对话框，单击"完成"。

图 4-21 站点建立完毕

2. 管理站点

1）编辑站点。

当站点保存位置、名称、类型发生变化时，可通过对站点的编辑来改变。

例如站点保存位置改变为"e：/mysite"，具体操作步骤如下：

第一步：打开"文件"面板，选择"管理站点"，弹出如图 4-21 所示对话框；

第二步：在管理站点对话框中，选择名称为"mysite"的站点，然后单击"编辑"，弹出如图 4-20 所示对话框，修改本地站点，点击"本地站点文件夹"的浏览文件夹按钮，浏览路径为"E：\ mysite \"，然后点击保存，站点修改完毕。

2）复制站点。

复制"mysite"站点。操作步骤：打开"文件"面板，选择"管理站点"，弹出如图 4-21 所示对话框；选择名称为"mysite"的站点，然后单击"复制"，操作完成后的效果如图 4-22 所示。

图 4-22 复制站点

3）删除站点。

将"mysite"站点删除。操作步骤：打开"文件"面板，选择"管理站点"，弹出如图 4 – 21 所示对话框；选择名称为"mysite"的站点，然后单击"删除"，弹出如图 4 – 23 所示对话框，点击"是"，操作完成。

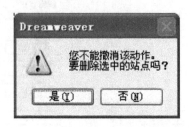

图 4 – 23 删除站点

4）导出站点。

将"mysite"站点导出。操作步骤：打开"文件"面板，选择"管理站点"，弹出如图 4 – 21 所示对话框；选择名称为"mysite"的站点，然后单击"导出"，弹出如图 4 – 24 所示对话框，站点保存后缀名为 . ste。

图 4 – 24 导出站点

5）导入站点。

将"mysite"站点导入。操作步骤：打开"文件"面板，选择"管理站点"，弹出如图 4 – 21 所示对话框；单击"导入"，弹出如图 4 – 25 所示对话框，选择要导入的站点"mysite. ste"。

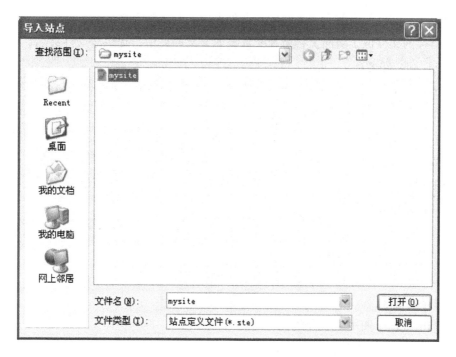

图4-25 导入站点

4.2.4 超级链接

利用超级链接可以实现文档间或文档中的跳转，超级链接由两部分组成：链接的载体以及链接的目标地址。许多页面元素都可以作为链接载体，如：文本、图像、图像热区、轮替图像、动画等。而链接目标可以是任意网络资源，如：页面、图像、声音、程序、其他网站、Email、锚点（书签，即页面中的某个位置）等。

1. 超级链接

1）链接文档的位置与路径。

每个网页都有一个唯一的地址，称之为统一资源定位器（URL）。在创建一个本地链接（链接文档与被链接文档处于相同的站点中）时，通常并不需要指定要链接到的文档的整个URL，而使用相对路径。下面是三种类型的链接路径：

（1）绝对路径：绝对路径提供链接文档的完整URL，包括使用的协议（对于网页通常是 http：//）。例如 http：//www. macromedia. com/support/dreamweaver/contents. html 就是一个绝对路径。必须使用绝对路径来链接其他服务器上的文档。

（2）相对路径：文档相对路径是用于本地链接的最合适的路径。在当前文档与链接的文档在同一文件夹中时，相对路径是尤其有用的。文档相对路径省略对于当前文档和链接的文档都相同的绝对URL部分，而只提供不同的那部分路径。

①要链接的文件与当前文档处在同一文件夹中，只需输入文件名。

②要链接的文件位于当前文档所在文件夹的子文件夹中，提供子文件夹名，然后是一正斜线（/）和文件名。

③要链接的文件位于当前文档所在文件夹的父文件夹中，文件名前加"../"（其中".."表示文件夹分层结构中的上一级文件夹）。

（3）根相对路径：根相对路径提供从站点根文件夹到文档所经过的路径。如果工作于一个使用数台服务器的大型网站或者一台同时作为数个不同站点主机的服务器，那么可能需要使用根相对路径。不过，如果不是很熟悉这类路径，还是应该继续使用文档相对路径。根相对路径以正斜线开始，代表站点的根文件夹。

例如，/support/tips. html 是一个指向文件 tips. html（该文件位于站点根文件夹的 support 子文件夹中）的根相对路径。

注：以浏览方式创建链接可以保证得到正确的路径。

2）制作超链接。

制作超链接，可使用以下方法：

（1）在文档窗口的设计视图中选中一文本或图像。

（2）打开属性检查器并执行以下任一操作：

①点击链接域右边的文件夹图标浏览并选取文件。浏览找到被链接文档，路径出现在 URL 域中。

②点击链接域右边的指向文件按钮，将其拖至一个文件创建链接。

③在链接域中，输入文档的路径与文件名。要链接到本站点中的某一文档，输入一个文档相对或根相对路径；要链接到当前站点之外的文档，输入包括协议名的绝对路径（比如 http：//www. 163. com）。

3）选择文档打开的位置。

要使被链接文档不出现在当前窗口或帧中，从属性检查器的目标弹出菜单中选取一个选项。

（1）_ blank：装入链接的文档到一个新建的无名浏览器窗口。

（2）_ parent：装入链接的文档到包含链接的帧的父帧或父窗口中。如果包含链接的帧是非嵌套的（无父帧），那么链接的文档将装入到整个浏览器窗口中。

（3）_ self：装入链接的文档到与链接相同的帧或窗口中。这是默认的目标指向。所以通常不用特意指定它。

（4）_ top：装入链接的文档到整个浏览器窗口，从而去除所有的帧。

例如：新建一个网页，创建以下各种超链接，并且超链接目标文件在新窗口打开（_ blank）。

①链接至网站（Http：//www. edu. cn）。

②链接至当前站点网页文件。

③链接至图片文件。

④链接至 word 文档。

⑤链接至 flash 动画。

⑥链接至 mp3 声音文件。

⑦链接至应用程序文件。

⑧缩略图至大图的链接。

完成效果如图 4 - 26 所示。

序号	名称	类型	位置	链接
1	中国教育网	htm	其他服务器	http://www.edu.cn
2	网页制作教程	htm	当前文件夹	d1.htm
3	图片欣赏	jpg	当前文件夹	p1.jpg
4	文章欣赏	doc	子文件夹word中	word\w1.doc
5	夜之歌（Flash动画）	swf	当前文件夹	mk.swf
6	飘摇	mp3	当前文件夹	py.mp3
7	可爱的小猫（应用程序）	exe	当前文件夹	kitty.exe
8		gif	当前文件夹	monkey.gif
9				

图 4 - 26　超级链接

实现步骤如下：

（1）选中 http：//www. edu. cn，然后在"属性面板"→"链接"内输入"http：//www. edu. cn"，完成"中国教育网"的链接。如图 4 - 27 所示。

图 4 - 27　链接示例

（2）选中 d1. html，然后在"属性面板"→"链接"→"浏览文件"，单击打开选择 d1. html，完成"网页制作教程"的链接。如图 4-28 所示。

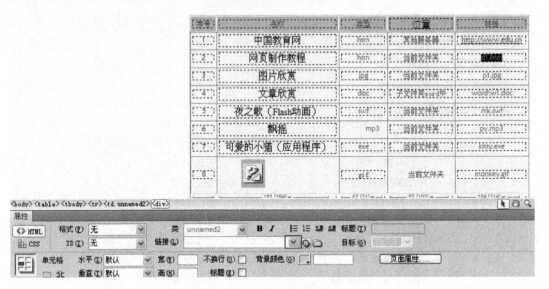

图 4-28　相对位置超级链接

（3）参考操作（2）完成其他超级链接。

2. 锚点

锚点是一种网页内的超链接。锚点使访问者能够更精确地控制在其单击超链接之后到达的位置。利用锚点的链接可以把访问者带到目标网页的顶端。当访问者单击了一个引向锚点的超链接时，将直接跳转到这个锚点所在的位置。

创建对命名锚点的链接需两步步骤。首先，创建一个命名的锚点；然后，创建对该命名锚点的链接。

1）创建锚点。

（1）在文档窗口的设计视图中，置插入点到需要命名锚点的地方。

（2）执行以下任一操作：

①选择"插入"→"命名锚记"，如图 4-29 所示。

②在"插入"面板的"常用"类别中，单击"命名锚记"按钮，如图 4-30 所示。

（3）在插入命名的锚点对话框的"锚记名称"中，输入锚点名，如图 4-31 所示。

提示：如果锚点标记没有出现在插入点位置，选择"查看"→"可视化助理"→"不可见元素"。

注意：锚点名不能包含空白字符，不要使用中文或全角字符。

2）链接到命名的锚点。

图 4 –29　命名锚记

图 4 –30　插入面板命名锚记

图 4 –31　锚记名称

方法一：用输入锚点名方法链接。

①在文档窗口的设计视图中，选中要从中创建链接的文本或图像。

②在属性检查器的链接域中，输入数值符（#）和锚点名。例如：要链接到当前文档中一名为"top"的锚点，输入#top；要链接到处于同一文件夹的另一文档中一名为"top"的锚点，输入 filename. html#top。

方法二：用指向文件方法链接到命名的锚点。

①打开包含需要的命名锚点的文档。

②选择"查看"→"可视化助理"→"不可见元素"，以使锚点可见。

③在文档窗口的设计视图中，选中要从中链接的文本或图像。

④点击属性检查器链接域右边的指向文件图标，并拖动至要链接的锚点：可以是同一文档中的锚点，也可是另一打开文档中的锚点。如图4－32所示。

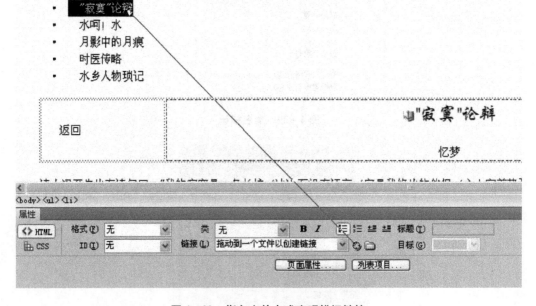

图4－32　指向文件方式实现锚记链接

3. 创建电子邮件链接

当点击电子邮件链接时，将打开一个与用户浏览器关联的邮件程序。在该 e－mail 消息窗口中，收件人域自动更新为在 e－mail 链接中指定的地址。

创建电子邮件链接的方法如下：

（1）将插入点置于 e－mail 链接出现的地方，或选中要作为 e－mail 链接出现的文本或图像。然后执行以下任一操作：

①选择"插入"→"电子邮件链接"，如图4－29所示。

②在对象面板的常用类别中，选择插入电子邮件链接，如图4－30所示。

（2）在插入电子邮件链接对话框的文本域中，输入或编辑作为电子邮件链接出现在文档中的文本。

（3）在电子邮件域中，输入邮件将发送到的 e – mail 地址，如图 4 – 33 所示。

图 4 – 33　电子邮件链接

（4）点击确定。

4. 超级链接标记

1）基本格式。

超级链接基本格式如下：

〈a　href =″″〉……〈/a〉

其中 href 属性用于指定超链接目标的 URL。

文字超链接默认时有下划线，并且显示为蓝色。当浏览者将鼠标移动到超链接上时，鼠标指针通常会变成手形，同时在状态栏中显示出超链接的目标文件。另外，超链接包括多种不同的状态，可以在 body 标记符中设置 link 等属性来控制超链接颜色的显示。

例如：以下 HTML 代码显示了如何创建超级链接，效果如图 4 – 34 所示。

图 4 – 34　超级链接示例

```
<html >
<head > <title >超链接示例 </title > </head >
    <body link =″red″ alink =″green″ vlink =″blue″>
```

104

```
    <p>这是一个<a href="page2.htm">超链接</a></p>
    <p>欢迎参观我的<a href="http://www.163.net">个人站点</a></p>
    </body>
</html>
```

其中：

"link"决定还未访问的超链接的颜色；

"alink"决定访问时超链接的颜色；

"vlink"决定已访问过的超链接的颜色。

说明：如果 href 属性指定的文件格式是浏览器能够直接显示的，那么单击超链接时将会直接显示相应文件。例如，将 href 的值指定为图像文件，那么单击超链接就可以直接在浏览器中显示图像。如果 href 属性指定的文件格式是浏览器所不能识别的格式，那么将获得下载超链接的效果。例如，将超链接的目标文件指定为 xxx. zip，那么当浏览者在浏览器中单击相应超链接时，则将弹出对话框，提示进行下载。

2）锚点链接。

（1）设置锚点。

锚点使用 a 标记的 name 属性创建，例如，<a name="a1">亚马逊战士</a>。

（2）创建锚点链接。

使用 a 标记的 href 属性创建锚点链接，其中锚记名称前加"#"。例如，<a href="#a1">亚马逊战士</a>

（3）示例。

以下 HTML 代码说明如何使用指向同一页面特定部分的超链接，效果如图 4-35 所示。

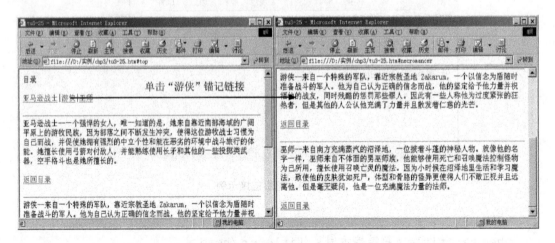

图 4-35　锚记示例

```
<html>
<head><title>锚点链接示例</title></head>
    <body>
        <p><a name="top"></a>目录</p>
        <p><a href="#amazon">亚马逊战士</a>|<a href="#paladin">
            游侠</a>|<a
        href="#necromancer">巫师</a></p>
        <hr><a name="amazon">亚马逊战士</a>——一个强悍的女人,唯一
知道的是,她来自靠近南部海域的广阔平原上的游牧民族。因为部落之间不断发生
冲突,使得这位游牧战士习惯为自己而战,并促使她拥有强烈的中立个性和能在恶劣
的环境中战斗的体能。她擅长使用弓箭对付敌人,并能熟练使用长矛和其他的一些
投掷类武器,空手格斗也是她所擅长的。
        <p><a href="#top">返回目录</a></p>
        <hr><a name="paladin">游侠</a>——来自一个特殊的军队,靠近
宗教圣地zakarum,一个以信念为盾随时准备战斗的军人。他为自己认为正确的信
念而战,他的坚定给予他力量并祝福他的战友,同时残酷的惩罚那些罪人。因此有一
些人称他为过度紧张的狂热者,但是其他的人公认他充满了力量并且散发着仁慈的
光芒。
        <p><a href="#top">返回目录</a></p>
        <hr><a name="necromancer">巫师</a>——来自南方充满蒸汽的
沼泽地,一位披着斗篷的神秘人物。就像他的名字一样,巫师来自不体面的男巫师
族,他能够使用死亡和召唤魔法控制怪物为己所用,擅长使用召唤亡灵的魔法。因为
小时候在沼泽地里生活和学习魔法,致使他的皮肤犹如死尸,体型和骨骼的怪异更使
得人们不敢正视并且远离他。但是毫无疑问,他是一位充满魔法力量的法师。
        <p><a href="#top">返回目录</a></p>
    </body>
</html>
```

（4）电子邮件链接。

```
<a href="mailto:收件人邮箱">联系</a>
```

当浏览网页的用户单击了指向电子邮件的超链接后，系统将自动启动邮件客户程序（默认时启动 Outlook Express），并将指定的邮件地址填写到"收件人"栏中，用户可以编辑并发送该邮件。

例如：以下 HTML 代码说明了如何创建电子邮件链接，如图 4-36 所示。

```
<a href="mailto:sx_wy@163.com">联系</a>
```

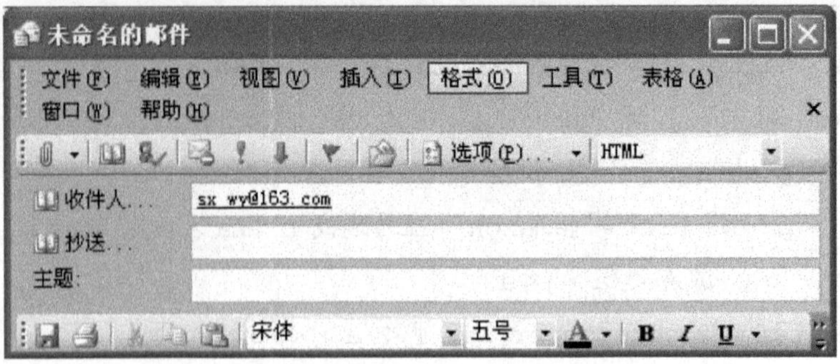

图 4－36　电子邮件链接示例

4.3　单元小结

通过本学习情境的学习，读者应该掌握 CSS 样式的盒子模型原理、特点及其应用，并可通过 CSS 样式设置层、列表、标题等样式设计；掌握 DIV、图片、标题、列表等标记的使用；掌握网站的三种布局模型，可以很好地进行图文混排。

4.4　拓展知识

1. 运用本单元所学习的浮动布局技术，完成如图 4－37 所示的布局设计。

2. 填空题。

1）属性设置中，属性名称和属性值之间用_____分割。

2）在 HTML 中图片标记是_____，其中 alt 属性表示_____。

3）元素的实际宽度等于_____。

4）CSS 盒子模型包括____、____、____、____。

5）站点分为_____和_____。

3. 选择题。

1）表示内部边距的样式名称为____。

    A. padding   B. border－padding

    C. in－padding   D. left－padding

2）表示字体颜色的样式名称是____。

    A. color   B. font－color   C. bg－color   D. fontcolor

图4-37　布局模型效果图

3）表示对象背景颜色的样式名称为____。

  A. bgcolor   B. color

  C. background – color   D. bg – color

4）表示边框粗细的样式为____。

  A. border – width   B. width

  C. bd – width   D. Borderwidth

5）下面关于 CSS 的说法不正确的是____。

  A. < link href = "style1. css" rel = "stylesheet" type = "text/css"/ >

  B. < title >外部样式 < /title >

  C.　< meta http – equiv = "Content – Type" content = "text/html；charset = utf – 8"/ >

  D. < a href = "http：//www. sohu. com" >搜狐网 < /a >

6）下面关于 CSS 的说法不正确的是____。

  A. CSS 可以控制网页背景图片

  B. margin 属性的属性值可以是百分比

  C. 整个 body 可以作为一个 box

  D. margin 属性不能同时设置四个边的边距

7）在 HTML 中标题级别可分为____。

  A. 4 级   B. 5 级   C. 6 级   D. 7 级

学习情境5 日志页面设计

首页的页头和页底在 Dreamweaver 软件生成后，接下来的任务就是各个页面具体内容的实现。但是页头和页底在各个页面中都是相同的，我们只需要把页头和页底的代码复制到各个页面中即可。本节将实现日志页面的内容。

学习目标

本学习情境主要是让读者掌握表格设计的方法及技巧。通过本学习情境的学习读者，将掌握以下知识点：

1. 熟悉表格布局理论；
2. 掌握 HTML 的表格标记；
3. 掌握 CSS 样式的复合内容选择器的使用；
4. 掌握用列表方式显示栏目内容。

效果预览

日志页面设计的效果图如图 5 – 1 所示。

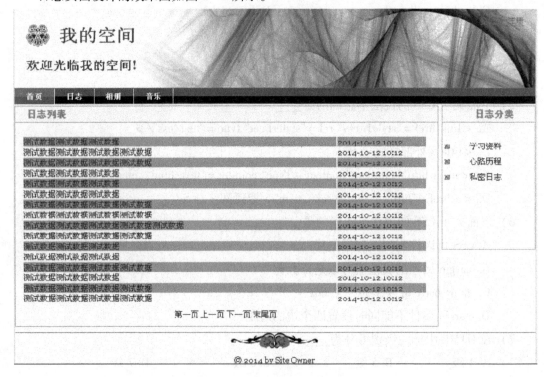

图 5 – 1 日志页面设计效果图

5.1　任务分解

任务　日志页面设计

【任务内容】

1. 采用表格完成日志页面设计；

2. 使用类选择器控制标题样式；

3. 使用复合内容选择器控制列表样式；

4. 使用 table 标记选择器控制表格样式；

5. 最终实现如图 5 – 1 所示的效果图。

【实现步骤】

1. 确定效果布局（如图 5 – 2 所示）

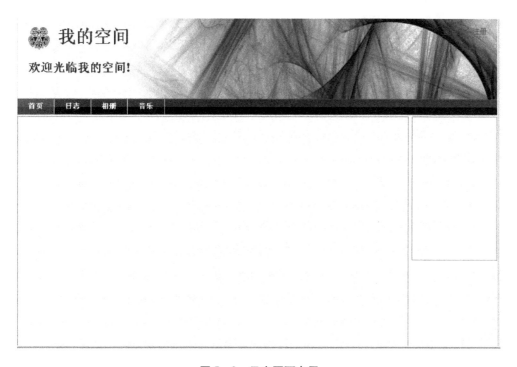

图 5 – 2　日志页面布局

2. 布局实现步骤

1）在"插入面板"→"插入 Div 标签"，弹出如图 5 – 3 所示对话框，在插入项中选择

"在开始标签之后"，< div id ="main" > 。单击"新建 CSS 规则"按钮，弹出如图 5 – 4 所示对话框，输入如图 5 –4 所示内容，单击"确定"按钮。

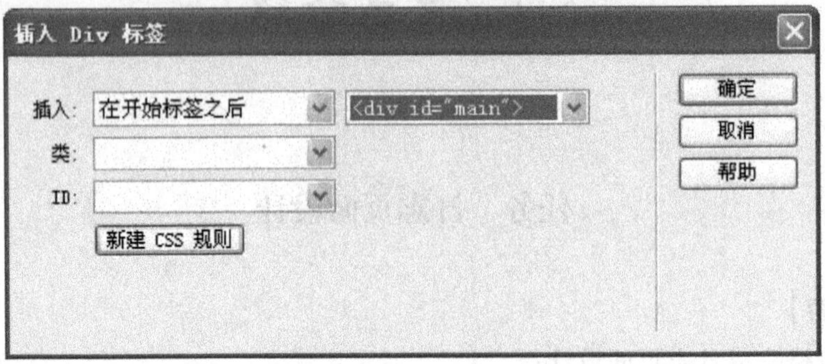

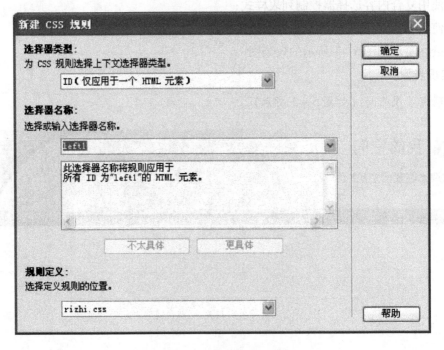

图 5 – 3　插入 Div 标签

图 5 –4　新建 CSS 规则

2）单击确定后，弹出如图 5 –5 所示对话框。

3）设置 left1 属性如下，设置完成后单击"确定"按钮。

```
#left1{
        background - color:#FFF;  /* 背景颜色为白色* /
        float:left;/* 浮动为左浮动* /
        height:400px;/* 高度为 400 像素* /
        width:730px;/* 宽度为 730 像素* /
        margin - top:3px;/* 上边距为 3 像素* /
```

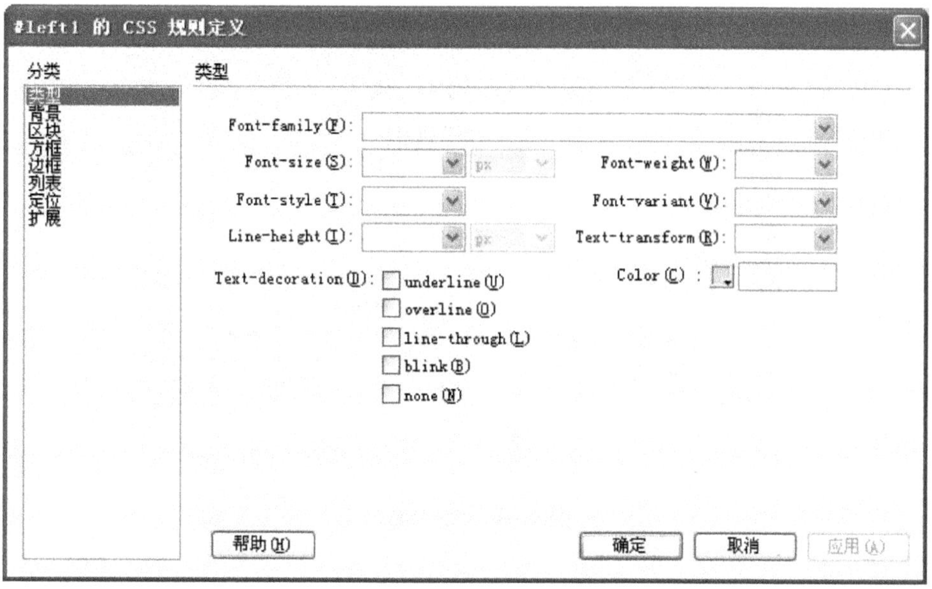

图 5 - 5　left1 属性设置界面

```
    margin - right:5px;/* 右边距为 5 像素* /
    margin - left:0px;/* 左边距为 0 像素* /
    border:1px solid #999;/* 边框粗细为 1 像素,实线,颜色为灰色* /
    margin - bottom:10px;/* 下边距为 10 像素* /
    padding:0px;/* 填充为 0 像素* /
}
```

4）重复步骤 1）~3），完成 right 设置。right1 设置属性如下：

```
#right1{
    float:right;/* 浮动为右浮动* /
    height:260px;/* 高度为 260 像素* /
    width:160px;/* 宽度为 160 像素* /
    margin - top:3px;/* 上边距为 3 像素* /
    border:1px solid #999;/* 边框粗细为 1 像素,实线,颜色为灰色* /
}
```

3. 标题实现步骤

在 left1 和 right1 中插入标题"日志列表"和"日志分类"，具体实现如下：

1）设置控制标题的 CSS 样式。

本节日志页面的标题，采用类选择器来控制标题。

右键"CSS 样式"→"新建"，如图 5 - 6 所示，弹出如图 5 - 7 所示对话框，输入如图 5 - 7 所示内容，单击"确定"按钮。

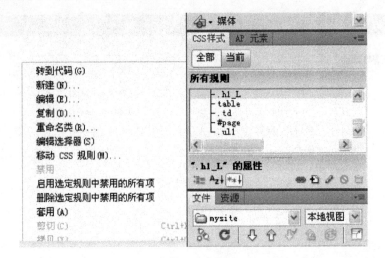

图 5-6　新建样式

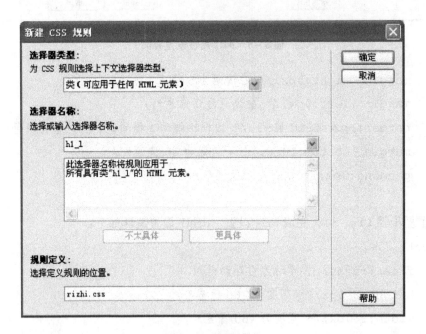

图 5-7　标题样式

标题的属性设置为：

```
.h1_L{
    font-family:"黑体";/* 字体为黑体*/
    font-size:16px;/* 字体大小为16像素*/
    line-height:1.6em;/* 行高为1.6倍*/
    font-weight:bolder;/* 字体加粗*/
    color:#399;/* 字颜色为#399*/
    background-color:#FF9;/* 背景颜色为浅黄色*/
```

```
    text-indent:20px;/* 文本左缩进 20 像素*/
    padding-top:3px;/* 上填充为 3 像素*/
    border-bottom-width:1px;/* 下边框粗细为 1 像素*/
    border-bottom-style:solid;/* 下边框样式为实线*/
    border-bottom-color:#999;/* 下边框颜色为灰色*/
}
```

2）在 < div id = "left1" > 和 < /div > 中，插入如下代码：

< h1 class = "h1_L" > 日志列表 < /h1 >

标题添加完成后效果如图 5 - 8 所示。

图 5 - 8　标题控制

3）重复 1）~ 2）步骤，完成"日志分类"标题设置。

4．日志列表实现步骤

1）右键"CSS 样式"→"新建"，弹出如图 5 - 9 所示对话框，输入如图 5 - 9 所示内容，单击"确定"按钮。

2）设置控制表格、行、单元格的 CSS 样式，属性如下：

```
/* 表格控制*/
table{
    float:left;/* 浮动为左浮动*/
    margin-top:15px;/* 上边距为 15 像素*/
```

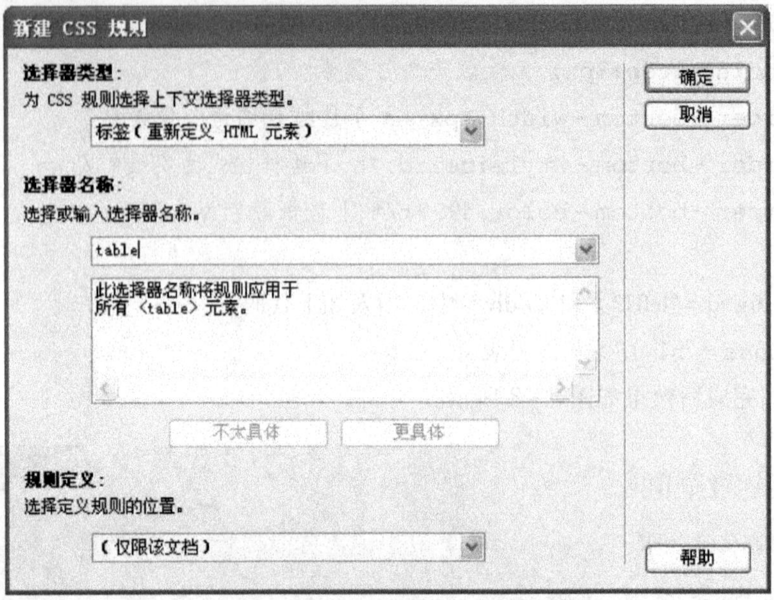

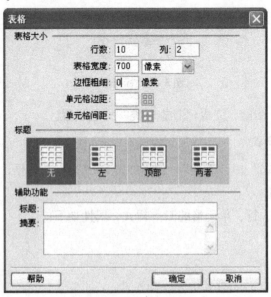

图 5 – 9　新建标签 CSS 规则

　　　margin – left:12px;/* 左边距为 12 像素* /

}

.td{

　　　background – color:#999;/* 背景颜色为灰色* /

}

　　3）选择菜单"插入"→"表格"，输入如图 5 – 10 所示内容，单击"确定"按钮，效果图如图 5 – 11 所示。

图 5 – 10　表格设置

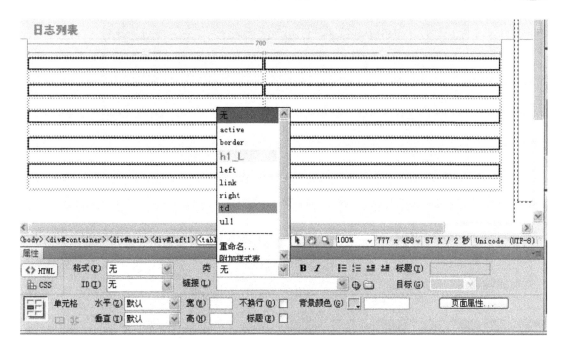

图 5 – 11　插入表格效果

4）按下 Ctrl 键，同时鼠标放在表格最左侧，选择 1、3、5、7……行，在页面下方属性中类选择 td，操作如图 5 – 11 所示，最终效果如图 5 – 12 所示。

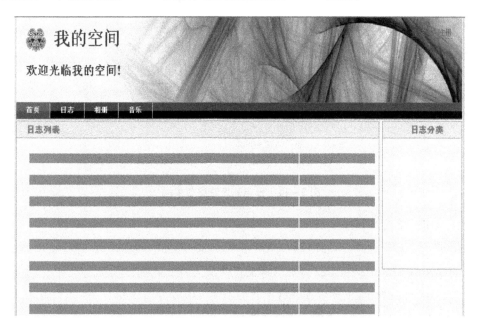

图 5 – 12　表格设置效果图

5）在插入面板中选择插入 Div 标签，弹出如图 5 – 13 所示对话框，输入如图 5 – 13 所示内容，最终效果如图 5 – 14 所示。

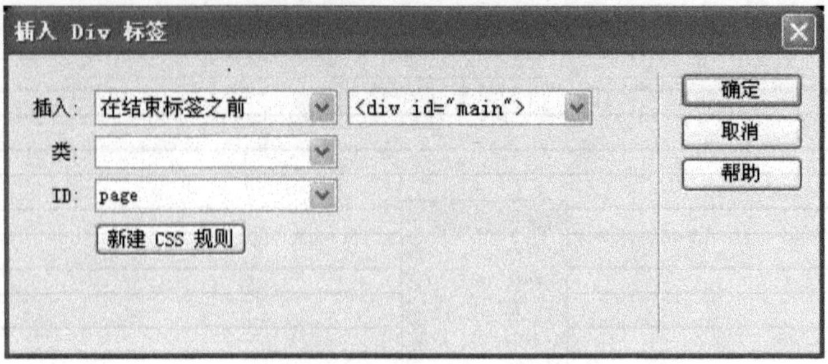

图 5-13　插入 Div 标签

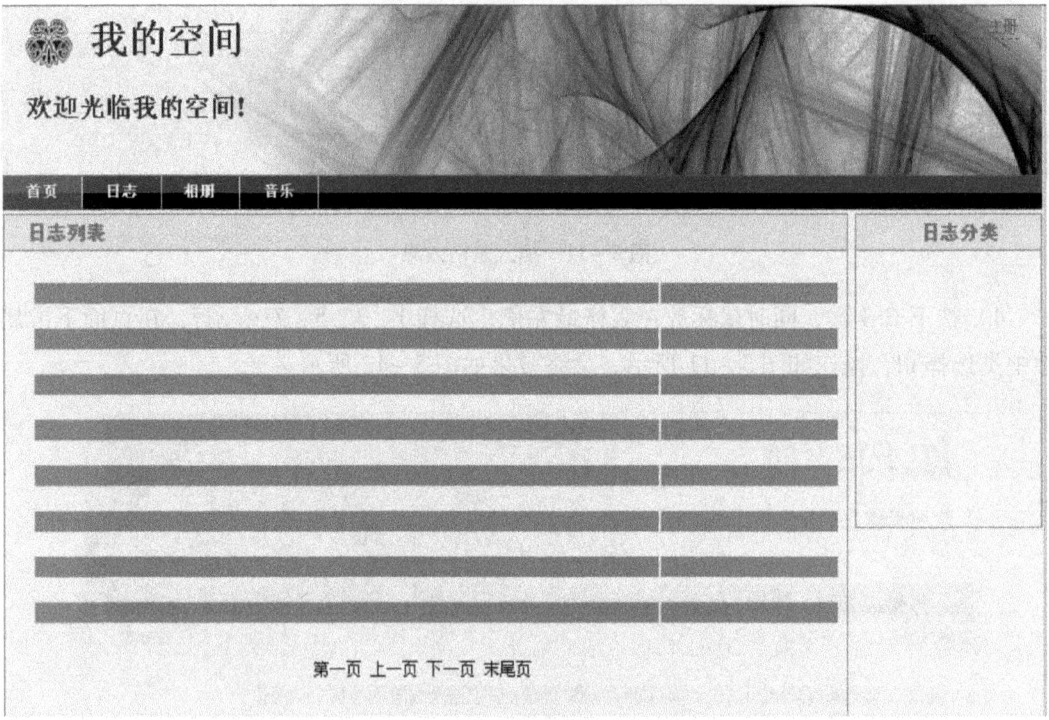

图 5-14　日志列表最终效果图

其中，page 样式如下：

```
#page{
    text-align:center;/* 文本对齐方式居中* /
    clear:left;/* 自动占一行* /
    height:30px;/* 高度为 30 像素* /
    width:720px;/* 宽度为 720 像素* /
    margin-top:1px;/* 上边距为 1 像素* /
    margin-right:auto;/* 右边距为自动* /
```

```
margin-bottom:1px;/* 下边距为 1 像素* /
margin-left:auto;/* 左边距为自动* /
padding-top:10px;/* 上填充为 10 像素* /
}
```

6）为 page 添加超级链接，链接都为空，实现代码如下：

在 rizhi. css 文件中添加超级链接 CSS 样式如下：

```
a,a:link,a:visited{
    color:#C00;
    text-decoration:none;
    border-bottom:1px dotted #990000;
}
a:hover{
    color:#003366;
    border-bottom:1px dotted #003366;
}
```

将以下代码加入 < div id = "page" > < /div > 中：

```
< div id = "page" >
        < a href = "#" > 第一页 < /a >
        < a href = "#" > 上一页 < /a >
        < a href = "#" > 下一页 < /a >
        < a href = "#" > 末尾页 < /a >
< /div >
```

5. 日志分类实现步骤

1）在 < h1 class = "h1_L" > 日志分类 < /h1 > 之后，添加一个无序列表，代码
如下：

```
< ul class = "ul1" >
    < li > 学习资料 < /li >
    < li > 心路历程 < /li >
    < li > 私密日志 < /li >
< /ul >
```

2）无序列表 CSS 样式。

```
/* 无序列表* /
#right.ul1{
    list-style-type:disc;
    display:block;
```

```
      list - style - image:url( rizhi/images/1. gif) ;
      padding - top:20px;
      padding - left:20px;
      text - indent:20pt;
      line - height:2em;
      margin:20px;
}
```

3）最终效果如图 5 – 15 所示。

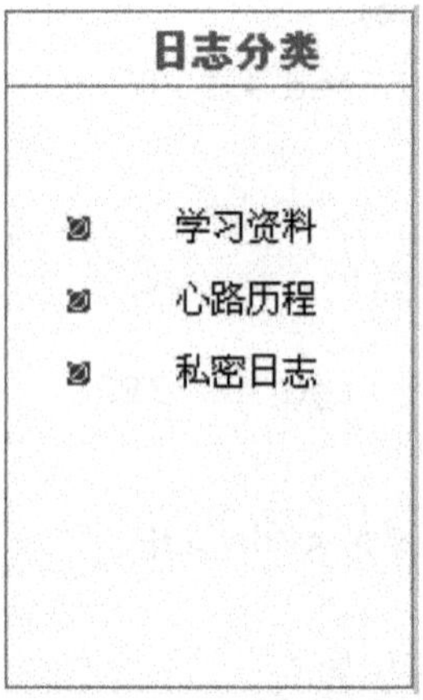

日志分类

☑   学习资料

☑   心路历程

☑   私密日志

图 5 – 15　日志分类效果图

5.2　主要知识点

5.2.1　表格的基本知识

1. 表格的组成元素

表格的组成元素主要包括行、列、单元格等，如图 5 – 16 所示。

①单元格：表格中的一个小格称为一个单元格。

②行：水平方向的一排单元格称为一行。

③列：垂直方向的一排单元格称为一列。

④边框：整张表格的外边缘称为边框。

⑤间距：单元格与单元格之间的距离称为间距。

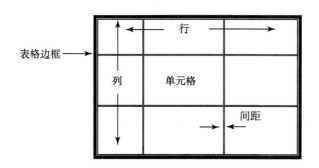

图 5 - 16　表格的组成元素

2. 表格的应用

表格除了显示数据外，在网页中通常用它来布局版面，本项目中的网站就是使用表格来达到布局的效果。利用表格对网页进行布局主要有如下几点好处：

①让网页整体显示清晰，有层次。

②便于对网页布局进行修改。

③便于管理网页内容。

对网页布局，重要的是如何对网页内容进行分割，有效的分割网页内容是使用表格布局的基础，它可以影响到网页内容的修改以及今后布局的变化。一般情况下，网页基本上分为上、中、下、左、右，可以使用 3 行 2 列的表格进行一个大致的布局，然后每一行针对其内容再嵌入相应表格进行内容的输入。

3. 插入表格及设置

步骤：

1）单击网页中需要插入表格的地方。

2）在菜单栏选择"插入"→"表格"命令，或者单击"常用"工具栏里的"表格"按钮，或者运用组合键 Ctrl + Alt + t。

（1）在页面中插入表格的方式。

在页面中需要添加表格的地方单击，选择"插入"→"表格"，如图 5 - 17 所示。或在常用面板中选择"表格"图标，如图 5 - 18 所示。

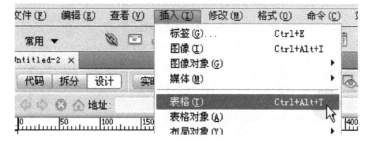

图 5 - 17　插入表格

图5-18 利用工具栏插入表格

（2）表格设置项，如图5-19所示。

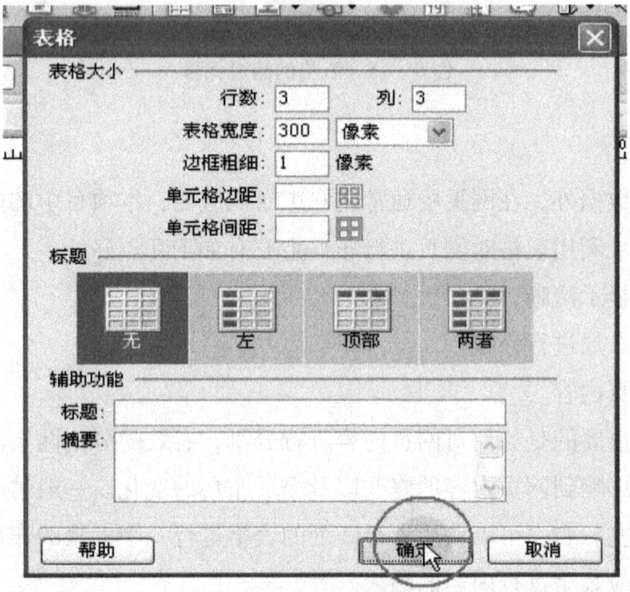

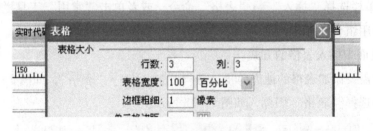

图5-19 表格设置项

表格宽度设置单位是像素时，表格的宽度是固定的；设置单位是百分比时，表格的宽度与浏览器窗口的宽度保持设置的比例，随窗口变化。如图5-20所示。

图5-20 表格单位

单元格的边距和间距，如图5-21所示。

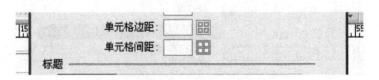

图5-21 单元格的边距和间距设置

边距指的是单元格内部内容与单元格边框的距离。

间距指的是单元格边框与表格边框之间的距离。

注：如果添加表格时，单元格边距和间距空白不填数字（如图 5 - 22 所示），那么系统默认的数字就是单元格边距为 1，单元格间距为 2。

图 5 - 22　单元格间距和边距为 0

单元格边距和单元格间距分别为 0 时，表格的边框最细，如图 5 - 23 所示。

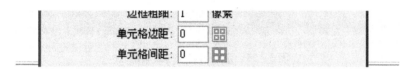

图 5 - 23　单元格边距和间距设置为 0

5.2.2　表格页眉与辅助功能

页眉：用于设置表格的行或列的标题。

- 无：表示不设置表格的行或列的标题。
- 左：表示一行归为一类，可以为每行在第一栏设置一个标题。
- 顶部：表示一列归为一类，可以为每列在第一栏设置一个标题。
- 两者：表示可以同时输入"左"端和"顶部"的标题。

标题：设置表格的标题名称，默认出现在表格的上方。

摘要：为表格的备注，不会在网页中显示。

页眉、标题功能的设置可以自动加粗单元格内的字体。如图 5 - 24 所示。

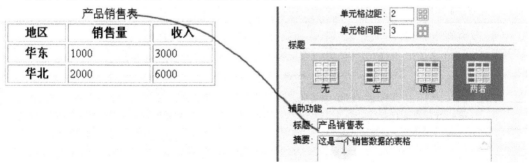

图 5 - 24　表格页眉与辅助功能

5.2.3 表格基本操作

实例一 足球明星相册（图5－25）

图5－25 足球明星相册效果图

要求：

（1）标题"足球明星"设置字体：黑体；大小：36像素；颜色：#FFCC33；居中对齐。

（2）创建导航位置的表格1行5列，表格宽度700像素，边框为0，填充为3，间距为0，表格居中对齐。

（3）行的背景颜色设置为：#FF99CC，且里边的文字居中对齐。

（4）设置每个单元格一样宽。

（5）设置网页背景颜色为：#009900，设置导航链接。

（6）创建图像展示表格3行4列，样式如表5－1所示。

表5－1 图像展示样式

宽度	700像素
边框粗细	1像素
单元格边距	10像素
单元格间距	10像素
边框颜色	#003333
表格背景颜色	#006600
第一行背景颜色	#66ffcc
第二行背景颜色	#FFFF66
第三行背景颜色	#66FF00

知识点：

1）选定表格和单元格。

表格包括行、列、单元格 3 个组成部分。

- 选定整个表格
- 选定行或列
- 选定单元格

2）设置表格和单元格的属性。

3）调整表格的尺寸。

- 选定表格，鼠标拖动
- 设置属性值
- 调整行和列的宽度

实现要点：

1）表格整体的属性设置，如图 5 – 26 所示。

图 5 – 26　表格整体设置

2）表格行的属性设置，如图 5 – 27 所示。

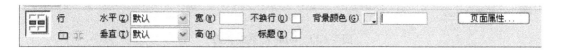

图 5 – 27　行的属性设置

3）单元格属性设置，如图 5 – 28 所示。

图 5 – 28　单元格属性设置

注：单元格的宽的单位可以是像素，也可以是百分比。

实例二　明星相册页

1）表格边框颜色的设置。

选中边框，右击显示快捷菜单，选择"编辑标签"，如图 5 – 29 所示。

在"标签编辑器"中编辑表格边框的颜色；表格的背景颜色在"常规"项中用同样的方式设置，如图 5 – 30 所示。

2）在下方的属性栏即可设置表格中行的背景颜色，列背景颜色的设置与行相同，如

图 5 - 31 所示。

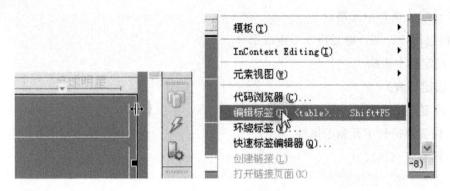

图 5 - 29 编辑标签

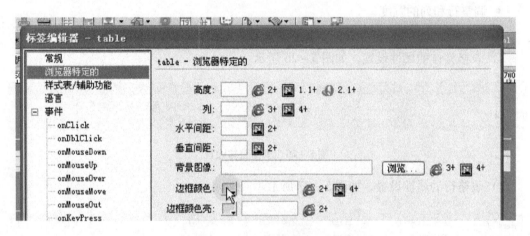

图 5 - 30 table 标签编辑器

图 5 - 31 行的背景颜色设置

3）加入网页页面的图片较多时，可以全部选中图片用拖拽的方式加入网页，再细分。

4）软件中的操作版面受限时，可调整版面的视图比例，如图 5 - 32 所示。

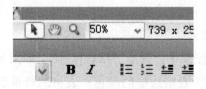

图 5 - 32 调整版面视图比例

实例三　课程表

制作如图 5 - 33 所示课程表效果图。

课程表					
	星期一	星期二	星期三	星期四	星期五
早上	语文	英语	语文	语文	数学
	物理	物理	数学	数学	数学
	数学	数学	英语	化学	语文
午休					
下午	体育	语文	生物	美术	体育
	生物	音乐	化学	信息技术	生物
	语文	化学	物理	数学	英语

第一高中　高3（2）班

图 5 - 33　课程表效果图

要求：

插入一个 5 行 6 列的表格，宽度为 500 像素，边框、填充、间距各为 1，并调整表格。

知识点：

1）添加/删除行列。

● 通过表格"属性"面板增加与删除表格的行和列。

● 通过"修改"菜单完成增加与删除表格的行和列。

2）单元格的合并和拆分。

3）单元格的复制、粘贴、移动和清除）。

在网页编辑窗口中选中要操作的对象，

● 复制——按 Ctrl + C，或执行"编辑"→"复制"命令。

● 移动——按 Ctrl + X，或执行"编辑"→"剪切"命令。

● 粘贴——按 Ctrl + V，或执行"编辑"→"粘贴"命令。

● 拖动——按 Ctrl 拖动则完成复制操作。直接拖拽可完成对象的拖动操作。

● 清除——按 Delete，或执行"编辑"→"清除"命令。

实现要点：

1）单元格的拆分和合并，如图 5 - 34、图 5 - 35 所示。

2）插入行：在需要插入行的表格最前边单击，然后右击出现快捷菜单，如图 5 - 36 所示。

图 5 - 34　合并单元格

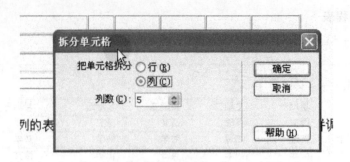

图 5 - 35　拆分单元格

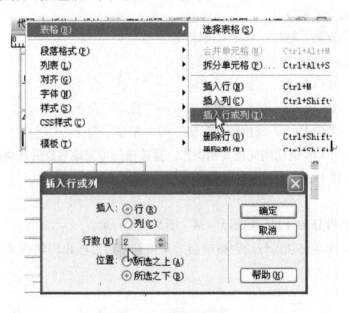

图 5 - 36　插入行

或者用下边的方式批量插入，如图 5 - 37 所示。

图 5 - 37　批量插入行

3）在步骤 1）的基础上，设置表格属性，如图 5 - 38 所示。

设置表格属性如表 5 - 2 所示。

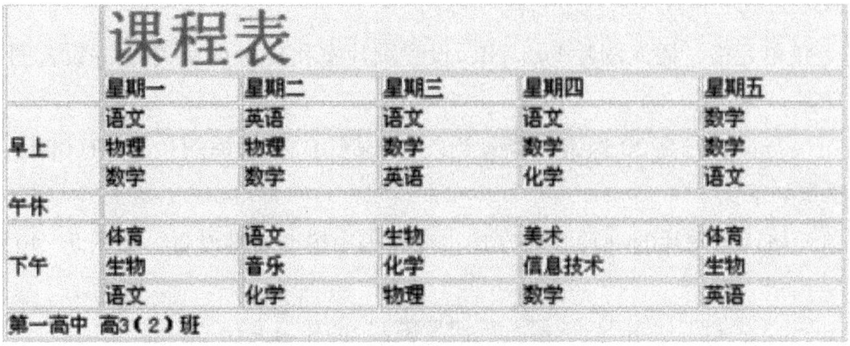

	课程表				
	星期一	星期二	星期三	星期四	星期五
早上	语文	英语	语文	语文	数学
	物理	物理	数学	数学	数学
	数学	数学	英语	化学	语文
午休					
下午	体育	语文	生物	美术	体育
	生物	音乐	化学	信息技术	生物
	语文	化学	物理	数学	英语
第一高中 高3（2）班					

图5－38　设置表格属性效果图

表5－2　表格属性参数

宽度	500像素
边框粗细	1像素
边距	1像素
间距	1像素
表格背景颜色	#D2E2EF
表格边框颜色	#B6C9D7
对齐方式	居中对齐

4）设置单元格属性，完成课程表。如图5－39所示。

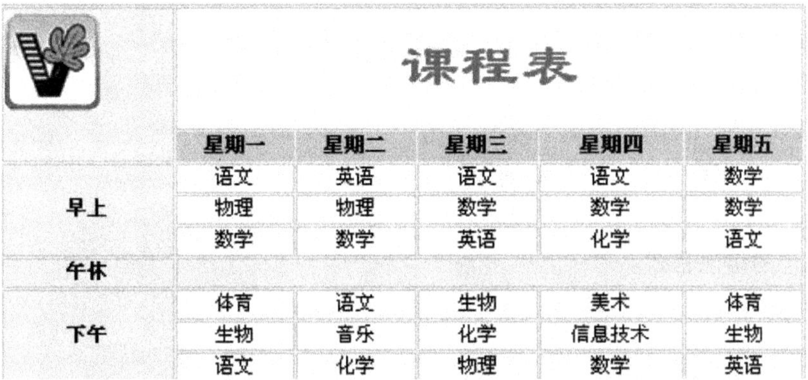

	课程表				
	星期一	星期二	星期三	星期四	星期五
早上	语文	英语	语文	语文	数学
	物理	物理	数学	数学	数学
	数学	数学	英语	化学	语文
午休					
下午	体育	语文	生物	美术	体育
	生物	音乐	化学	信息技术	生物
	语文	化学	物理	数学	英语

图5－39　设置单元格属性效果图

单元格属性设置要求如下：

- 所有单元格居中对齐，字体大小为12px。
- 第一列和第二行字体加粗。
- 第二行背景颜色设置为#B6C9D7，填写科目的单元格设置背景颜色为#E9F1F8。
- 最上一行字体为隶书，字号36px，颜色红色，设置行高70像素，背景图片为 bg. gif。

● 左上角单元格，插入图片 logo. gif，设置图片宽和高为 60 像素，并设置图片在单元格的顶部对齐。

● 最下一行设置行高 20 像素，背景颜色为#B6C9D7，边框颜色为#FF0000。

实现要点如下：

（1）单元格背景图片的一种添加方式：在代码中按空格键设置，如图 5 - 40 所示。

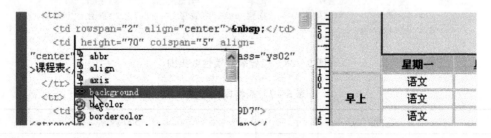

图 5 - 40　单元格背景图片添加

（2）单元格的边框颜色需要在代码中设置：在代码中按空格键设置，如图 5 - 41 所示。

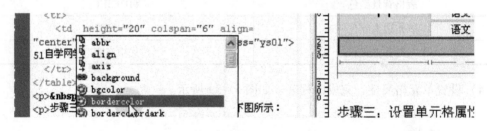

图 5 - 41　单元格的边框颜色设置

5. 2. 4　表格的 HTML 标记

表格标记的语法格式：

```
<table >
    <tr >
        <td >   </td >
        <td >   </td >
        ......
    </tr >
    ......
</table >
```

其中：

<table>为表格标记，<tr>为行标记，<td>为单元格标记， 为空格。

例如：创建一个两行两列的表格，表格属性为：宽度 200 像素，边框粗细为 1px。

```
<table width ="200" border ="1">
        <tr>
                <td> </td>
                <td> </td>
        </tr>
        <tr>
                <td> </td>
                <td> </td>
        </tr>
</table>
```

1）表格的代码标记，如图 5 - 42 所示。

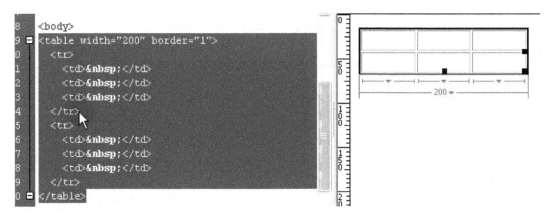

图 5 - 42　表格标记代码

2）表格每行的代码标记，如图 5 - 43 所示。

图 5 - 43　行标记

3）单元格的代码标记，如图 5 - 44 所示。

4）每一对表格标记后边都可以添加属性特征，如图 5 - 45 所示。

5）也可以在代码标记选择器处快捷选择，如图 5 - 46 所示。

图 5 - 44　单元格标记

图 5 - 45　单元格属性设置

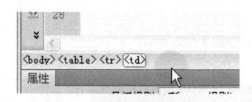

图 5 - 46　代码选择器选择标记

5.2.5　表格嵌套

1. 概念

表格嵌套就是在表格的单元格中再插入表格，形成嵌套的结构；或者是在已有的表格中再创建表格。

2. 步骤

● 光标定位到需要插入嵌套表格的单元格里。

● 按照插入表格的方式，插入新的表格。

3. 表格嵌套实例

实例一　下载页面（图 5 - 47）

要求：

（1）表格背景图片为 bg. gif。

（2）单元格颜色 #33B3F0 和 #C8EAFB。

实现要点：

（1）设置表格的细边框，单元格背景颜色设置为不同于边框的一种颜色。

①选中表格，边框设置为 0，如图 5 - 48 所示。

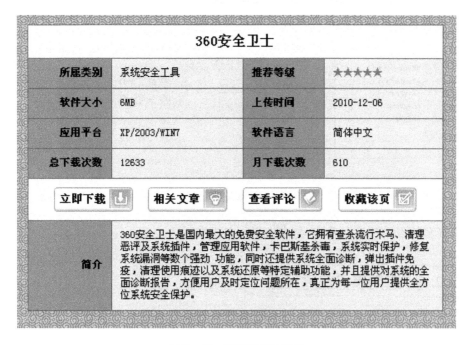

图 5 - 47　下载页面效果图

图 5 - 48　边框设置

②间距设置为 1, 如图 5 - 49 所示。

图 5 - 49　间距设置

③选中表格右击, 选择"编辑标签", 如图 5 - 50 所示。

图 5 - 50　编辑标签

（2）设置背景颜色，单击"确定"按钮，如图 5 – 51 所示。

图 5 – 51　设置背景颜色

表格嵌套的添加（表中表），与表格添加方式相同。

5.2.6　应用表格布局页面

1. 布局类型

网页布局大致可分为"国"字型、拐角型、正文型、左右框架型、上下框架型、综合框架型、封面型、Flash 型、变化型。

（1）"国"字型（如图 5 – 52 所示）。

图 5 – 52　"国"字型布局

（2）拐角型（如图 5 - 53 所示）。

（3）正文型（如图 5 - 54 所示）。

图 5 - 53　拐角型布局

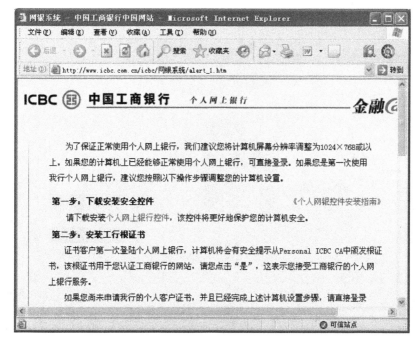

图 5 - 54　正文型布局

（4）左右框架型（如图 5 - 55 所示）。

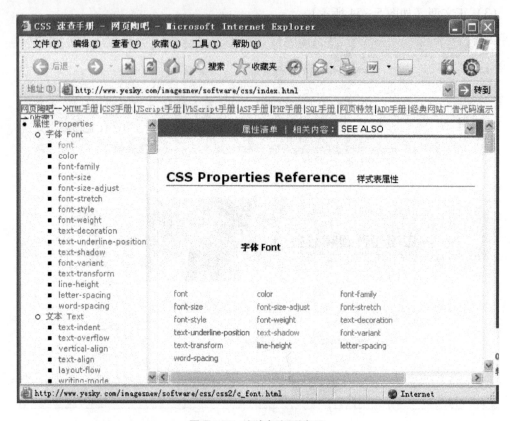

图 5 - 55　左右框架型布局

（5）Flash 型（如图 5 - 56 所示）。

图 5 - 56　Flash 型布局

2. 页面的构成

（1）网页尺寸。

一般根据屏幕分辨率的大小设计网页的尺寸。一般如果屏幕分辨率为 800×600，那么设计网页的尺寸为 780×428；如果屏幕分辨率为 1024×768，那么设计网页的尺寸为 980×600。

（2）页头（页眉）。

页头通常放置 logo（网站标志）和 banner（广告条）。

（3）页脚。

页脚放置版权信息、联系电话、网站介绍和备案信息，等等。

3. 布局综合实例 1（页眉）

（1）在页面属性中设置网页的左边距和右边距，如图 5-57 所示。

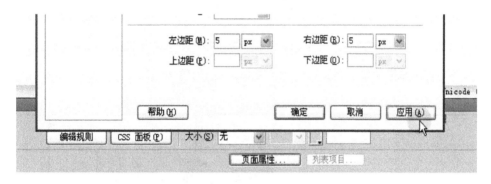

图 5-57   设置网页左右边距

（2）在网页设计中，对于需要添加图片的位置可以先插入图像占位符，后期加入图片，如图 5-58 所示。

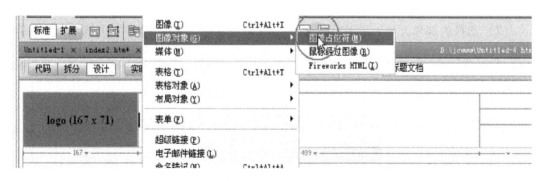

图 5-58   图像占位符

4. 布局综合实例 2（导航栏）

（1）网页设计中，采用表格嵌套式，表格的宽度按百分比插入，不设置具体数值；

（2）表格的背景图片一般采用较小的图片平铺，可以节省流量，提高网页下载速度。

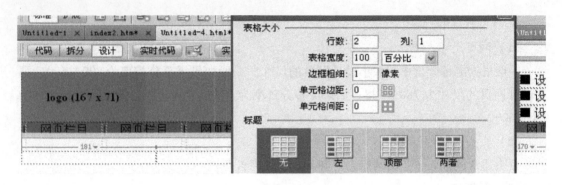

图 5 – 59　导航栏设置

5. 布局综合实例 3（信息栏）

介绍一种设置表格嵌套中单元格边框的方式。

（1）先把外部表格的边框宽度设置为"1"，颜色设置为白色，如图 5 – 60 所示。

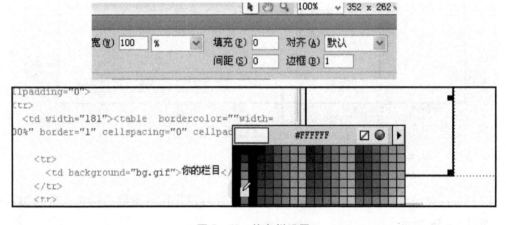

图 5 – 60　信息栏设置

（2）选择内部单元格，在代码（或下方属性面板）中设置想要的边框颜色，保存。如图 5 – 61 所示。

图 5 – 61　内部单元格设置

6. 布局综合实例 4（页脚）

（1）单元格的高度设置较小时，必须把单元格代码中的空格符号删除才有效果，如图 5 – 62 所示。

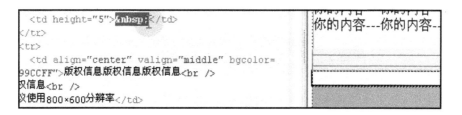

图 5 - 62　空格设置

（2）为了保证网页文本布局格式在任何比例下都不变形、混乱，需要对网页的字体进行统一的设置，如图 5 - 63 所示。

图 5 - 63　页面属性

5.3　单元小结

本单元主要完成了日志页面的制作，通过本单元学习，读者能够掌握以下技能：

1）可以使用表格实现显示网页中的数据；

2）可以用 ul 或者 ol 实现简单的列表文字；

3）用 p 标记实现网页中大段落文字；

4）在网页中插入超级链接。

5.4 拓展知识

1. 运用本单元所学习的表格技术，完成如图 5－64 所示的页面设计。

图 5－64   拓展知识效果图

2. 填空题。

1）表格标记为_____，行标记为_____，单元格标记为_____。

2）id 选择器以_____开头。

3）设置表格边框用_____属性。

4）单元格与单元格之间的距离称为_____。

5）表格由____和_____组成。

6）如果要为网页指定蓝色的背景颜色和白色的文字颜色，应使用以下 html 语句：_____。

3. 选择题。

1）WWW 是（   ）的意思。

A. 网页   B. 万维网   C. 浏览器   D. 超文本传输协议

2）以下关于 font 标记符的说法中，错误的是（   ）。

    A. 可以使用 color 属性指定文字颜色

    B. 可以使用 size 属性指定文字大小（也就是字号）

    C. 指定字号时可以使用 1~7 的数字

    D. 语句 < font size = "+2" > 这里是 2 号字 < /font > 将使文字以 2 号字显示

3）以下说法中，错误的是（   ）。

    A. 表格在页面中的对齐应在 table 标记符中使用 align 属性

    B. 要控制表格内容的水平对齐，应在 tr、td、th 中使用 align 属性

    C. 要控制表格内容的垂直对齐，应在 tr、td、th 中使用 valign 属性

    D. 表格内容的默认水平对齐方式为居中对齐

学习情境6　音乐页面设计

随着社会的发展，娱乐类型的网站逐步出现，很多网站都会采用音乐等娱乐内容来吸引访问者。音乐页面主要包括视频、动画以及音频等内容。简单的网站可以通过静态方式展示有限的内容，大网站一般采用动态语言展示更为丰富的内容。

学习目标

本学习情境主要是让读者掌握多媒体元素的添加方法及技巧。通过本学习情境的学习，读者将掌握以下知识点。

1. 掌握滚动标记的使用方法；

2. 掌握 flash、音频、视频等多媒体元素的添加方法；

3. 掌握简单的脚本知识；

4. 掌握插入表单的方法。

效果预览

音乐页面设计的效果图如图6-1所示。

图6-1　音乐页面设计效果图

6.1 任务分解

任务 1   "专辑列表"设计

【任务内容】

1. 采用浮动布局技术进行布局控制；

2. 为专辑列表设计一个标题；

3. 利用脚本实现图片循环滚动效果；

4. 最终实现如图 6 - 2 所示的效果。

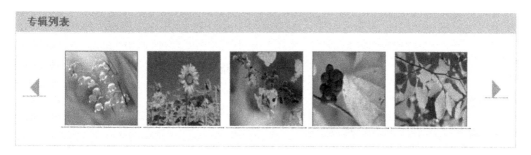

图 6 - 2   "专辑列表"效果图

【实现步骤】

1. "专辑列表"布局设计

根据学习情境 3 模板设计，在 Dreamweaver 中可打开"test. html"文件，并将文件另存为"music. html"。在 < div id = "main" > < /div > 之间加入如下代码，目的是插入"专辑列表"部分的内容。

```
< div id = "left01" >
< /div >
```

2. 加入样式代码

新建一个样式文件，命名为"music. css"，将以下代码加入文件中。

```
/ * 专辑列表样式设计 * /
#left 01{
    margin:0px;  / * 边距为 0 * /
    padding:0px;/ * 填充为 0 * /
```

```
    float:left;/* 左浮动* /
    height:180px;/* 高度为 180 像素* /
    width:700px;/* 宽度为 700 像素* /
border:1px solid #CCC;/* 边框粗细为 1,实线,边框颜色为灰色* /
  }
```

加入上述样式后看到的效果如图 6-3 所示。

图 6-3 "专辑列表"布局设计

3. 标题栏设计

（1）在网页文件中加入标题代码。

在 music. html 文件中，切换代码视图，在 < div id = "left01" > </div > 之间加入如下代码：

```
< h1 > 专辑列表 </h1 >
```

（2）在样式表中加入标题样式。

在 music. css 文件中，加入标题 h1 的样式代码，代码如下：

```
/ * 标题样式设计 * /
. h1 {
    font-family:"宋体";/* 字体为宋体* /
    font-size:14px;/* 大小为 14* /
    line-height:1.8em;/* 行高为 1.8 倍* /
    color:#006699;/* 字体颜色为藏蓝色* /
    display:block;/* 块状显示* /
    padding-left:15px;/* 左填充为 15* /
    border:1px solid #CCC;/* 边框粗细为 1,实线、灰色* /
    background-color:#CCC;/* 背景颜色为灰色* /
  }
```

样式设计完成后，将样式应用于 h1 中，代码如下加粗部分：

＜h1class ="h1" ＞专辑列表 ＜/h1 ＞

加入样式后，运行效果如图 6 - 4 所示。

图 6 - 4　"专辑列表"标题栏设计

4. 图片滚动效果设计

（1）在网页文件中加入表格。

在代码 ＜h1 ＞专辑列表 ＜/h1 ＞后面加入表格代码，完整的图片滚动效果分为 3 部分，包括向左的箭头图片、滚动的专辑列表图片以及向右的箭头图片。所以要将 3 个部分放置在一个 1 行 3 列的表格中。左侧单元格放置向左的箭头图片，中间单元格放置滚动的专辑列表图片，右侧单元格放置向右的箭头图片。加入表格代码如下：

```
＜table width ="100% " height ="100% "＞
    ＜tr valign ="middle" ＞
    ＜/tr ＞
＜/table ＞
```

（2）添加向左的箭头图片。

在创建的表格中插入第一个单元格用于放置向左的箭头图片，在 ＜tr valign ="middle" ＞与 ＜/tr ＞标签之间加入如下代码：

```
＜td width ="78" height ="142" align ="center" valign ="middle"＞
＜a href ="#" ＞
    ＜img id ="leftArrow" src ="image/left. gif" width ="22" height ="25"
class ="arrow"  onclick ="ScrollLeft()" ＞
    ＜/a ＞
＜/td ＞
```

然后在 music. css 文件中加入设置箭头的显示样式，并在上述代码中加入如下代码所示内容，设置箭头的显示样式代码如下：

```
table.arrow{
    margin:0px 5px 0px 5px;
}
```

加入上述代码后执行效果如图 6-5 所示。

图 6-5　加入向左箭头

（3）添加滚动的图片。

在放置向左箭头的单元格后面继续插入单元格用于放置滚动的图片，加入如下代码：

```
<td width ="522" align ="left"  valign ="middle">
    <div id ="demo" style ="overflow:hidden;width:610px;">
        <table width ="604">
        <tr>
            <td width ="594" id ="marqueePic1">
        <! --待滚动的部分开始,下面表格宽度要根据上面的 div 调节,
直到效果最佳为止 -- >
        <table width ="584">
        <tr>
            <td width ="576">
            <a href ="#" > <img src ="image/HC001.jpg" width =
"100" height ="100" class ="img"/> </a>
            <a href ="#" > <img src ="image/HC002.jpg" height =
"100" width ="100" class ="img"/> </a>
            <a href ="#" > <img src ="image/HC003.jpg" height =
"100" width ="100" class ="img"/> </a>
            <a href ="#" > <img src ="image/HC004.jpg" height =
"100" width ="100" class ="img"/> </a>
            <a href ="#" > <img src ="image/HC005.jpg" height =
```

```
"100" width = "100" class = "img"/ > < /a >
        < /td >
    < /tr >
    < /table >
  < /div >
< /td >
```

接下来在 music. css 文件中设置滚动图片的显示样式，加入代码如下：

```
table. img{
    margin:0px 5px 0px 5px;
    border - top - width:1px;
    border - right - width:1px;
    border - bottom - width:1px;
    border - left - width:1px;
    border - top - style:solid;
    border - right - style:solid;
    border - bottom - style:solid;
    border - left - style:solid;
}
```

加入上述样式后，看到的效果如图 6 - 6 所示。

图 6 - 6 滚动图片效果

（4）添加向右箭头。

在放置滚动图片的单元格后面，插入单元格用于放置向右的箭头图片，加入代码如下：

```
< td width = "65" align = "left" valign = "middle" >
    < a href = "#" >
```

```
        < img id ="rightArrow" src ="image/right. gif" width ="23"
    height ="25" class ="arrow" onclick ="ScrollRight()"/ >
        </a >
</td >
```

加入代码后，看到的效果如图6-7所示。

图6-7 完整的"专辑列表"效果图

（5）添加箭头的脚本代码。

最后一步、向网页中添加实现滚动的脚本代码，在 < div id ="left01" > </div > 标签后
添加如下代码：

```
< scripttype = text/javascript >
    varleftStoped = true; //当前项左侧滚动是否已经停止
    varrightStoped = true; //当前项右侧滚动是否已经停止
// ============ 向左滚动代码 ========================
functionMarqueeLeft(){
    if(demo. scrollLeft > =marqueePic1. scrollWidth){//如果滚到 demo 可
视区域外的部分的宽度超过上面表格的宽度
            demo. scrollLeft =0;
    }
    else {
        demo. scrollLeft + +;
    }
}


functionScrollLeft(){
    varspeed =10
```

```
        if(! leftStoped)return;//如果已经运行,直接跳出函数
        leftStoped = false;//设置为运行状态
        marqueePic2. innerHTML = marqueePic1. innerHTML;//复制
        varMyMar = setInterval(MarqueeLeft,speed)//启动滚动
        demo. onmouseover = function( ){clearInterval(MyMar);}//鼠标悬停
        停止
        demo. onmouseout = function( ){MyMar = setInterval(MarqueeLeft,
        speed)}
        //鼠标离开继续滚动
        rightArrow. onmouseover = function(){clearInterval(MyMar);left-
        Stoped = true;}
        //鼠标悬停,停止向反方向滚动
}


// ============ 向右滚动代码 ====================
functionMarqueeRight(){
        if(demo. scrollLeft == 0){
              demo. scrollLeft = marqueePic1. scrollWidth;
        }
        else {
            demo. scrollLeft -- ;
        }
}
functionScrollRight(){
        varspeed = 10
        if(! rightStoped)return;//如果已经运行,直接跳出函数
        rightStoped = false;//设置为运行状态
        marqueePic2. innerHTML = marqueePic1. innerHTML;
        varMyMar = setInterval(MarqueeRight,speed);
        demo. onmouseover = function(){clearInterval(MyMar)}
        demo. onmouseout = function( ){MyMar = setInterval(Marquee Right,
        speed)}
        leftArrow. onmouseover = function( ){clearInterval(MyMar);right-
        Stoped = true;}
        //鼠标悬停时,停止向左侧滚动
```

```
       //再次点击可停止
   }
</script>
```

任务2　"视频专辑"设计

【任务内容】

1. 采用浮动布局技术进行布局控制；

2. 为专辑列表设计一个标题；

3. 插入一个 flash 文件；

4. 最终实现如图 6-8 所示的效果。

图 6-8　"视频专辑"效果图

【实现步骤】

1. "视频专辑"布局设计

1) 加入"视频专辑"布局代码。

在 music. html 文件中，切换到代码视图，在"专辑列表"代码后面添加如下代码，目的是插入"视频专辑"部分的内容。

```
<div id="right01"></div>
```

2) 加入样式代码。

在 music. css 文件中加入"视频专辑"的"right01"的样式设计，代码如下：

```
#right01{
    margin:0px;
    padding:0px;
    float:right;
    height:181px;
```

```
    width:180px;
    border:1px solid #CCC;
}
```

加入上述代码后，"视频专辑"布局设计效果如图6-9所示。

图6-9　"视频专辑"效果

2. 加入标题

1）加入标题文字代码。

在 music. html 文件中，切换代码视图下，在 < div id = "right 01" > </div > 之间加入如下代码： < h1 > 视频专辑 </h1 >

2）在样式表中加入标题样式。

在 music. css 文件中，加入标题 h1 的样式代码，代码如下：

```
/*标题样式设计*/
.h1 {
    font - family:"宋体";/*字体为宋体*/
    font - size:14px;/*大小为14*/
    line - height:1.8em;/*行高为1.8倍*/
    color:#006699;/*字体颜色为藏蓝色*/
    display:block;/*块状显示*/
    padding - left:15px;/*左填充为15*/
    border:1px solid #CCC;/*边框粗细为1,实线、灰色*/
    background - color:#CCC;/*背景颜色为灰色*/
}
```

样式设计完成后，将样式应用于 h1 中，代码如下加粗部分：

```
<h1class = "h1">视频专辑</h1>
```

加入样式后，运行效果如图6-10所示。

图 6 – 10   标题栏效果

3. 插入 flash 文件

在 < h1 class = ″h1″ > 专辑列表 </h1 > 代码之后，插入 flash 文件，操作如下：

执行"插入"→"媒体"→"SWF"，选择 EAGLE. SWF 文件；选中 EAGLE. SWF 文件，输入如图 6 – 11 所示的属性设置。

图 6 – 11   flash 文件属性设置

执行完上述代码及设置，看到的效果如图 6 – 12 所示。

图 6 – 12   "视频专辑"效果

任务 3　"歌曲列表"设计

【任务内容】

1. 采用浮动布局技术进行布局控制；

2. 为专辑列表设计一个标题；

3. 利用表格实现歌曲的列表设计；

4. 最终实现如图 6 – 13 所示的效果。

歌曲列表					
1	心如玄铁	李易峰	试听	下载	删除
2	第三人称	蔡依林	试听	下载	删除
3	雨打花瓣的声音	周传雄	试听	下载	删除
4	不安的灵魂	周传雄	试听	下载	删除
5	板兰花儿开	雷佳	试听	下载	删除
6	光棍好苦	司文	试听	下载	删除
7	满院落叶	周传雄	试听	下载	删除
8	刀塔传奇	胡夏	试听	下载	删除
9	七年之仰	必须组合	试听	下载	删除
10	相思红颜	段苏珊	试听	下载	删除

图 6 – 13　"歌曲列表"效果

【实现步骤】

1. "歌曲列表"布局设计

1）加入"歌曲列表"布局代码。

在 music. html 文件中，切换代码视图，在"视频专辑"代码的后面添加如下代码，目的是插入"歌曲列表"部分的内容。

```
< div id = "left02" > < /div >
```

2）加入样式代码。

在 music. css 文件中，加入 left02 样式代码，代码如下：

```
/* 歌曲列表样式设计* /
#left 02{
    float:left;/* 左浮动* /
    height:300px;/* 高度为 300 像素* /
    width:700px;/* 宽度为 700 像素* /
    margin - top:10px;/* 上边距为 10 像素* /
    margin - right:0px;/* 右边距为 0 像素* /
    margin - bottom:0px;/* 下边距为 0 像素* /
```

```
margin-left:0px;/* 左边距为 0 像素* /
border:1px solid #CCC;/* 边框粗细为 1,实线,边框颜色为灰色* /
padding:0px;/* 填充为 0 像素* /
}
```

加入上述代码后，看到的效果如图 6－14 所示。

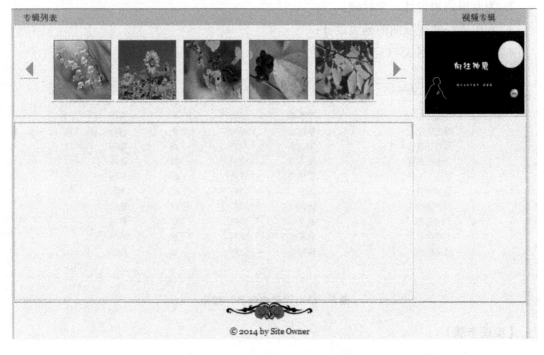

图 6－14　"歌曲列表"布局效果

2. 标题栏设计

1）加入标题文字代码。

在 music. html 文件中，切换代码视图下，在 < div id = "left02" > </div > 之间加入如下代码：

　< h1 > 歌曲列表 </h1 >

2）在样式表中加入标题样式。

在 music. css 文件中，加入标题 h1 的样式代码，代码如下：

```
/* 标题样式设计* /
.h1{
    font-family:"宋体";/* 字体为宋体* /
    font-size:14px;/* 大小为 14* /
    line-height:1.8em;/* 行高为 1.8 倍* /
    color:#006699;/* 字体颜色为藏蓝色* /
```

```
display:block;/* 块状显示* /
padding - left:15px;/* 左填充为15* /
border:1px solid #CCC;/* 边框粗细为1,实线、灰色* /
background - color:#CCC;/* 背景颜色为灰色* /
}
```

样式设计完成后，将样式应用于 h1 中，代码如下加粗部分：

```
< h1class ="h1" > 歌曲列表 </h1 >
```

加入样式后，运行效果如图6-15所示。

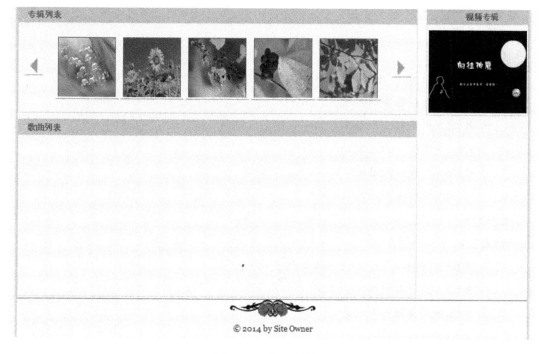

图6-15　标题栏效果

3. 歌曲列表设计

这里的歌曲列表显示用表格来控制，在 music. html 文件中，切换代码视图下，在 < h1 class ="h1" > 歌曲列表 </h1 >后面加入如下代码：

```
< table width ="674" height ="228" border ="0" class ="table" >
    < tr >
    < td width ="62" align ="center" >1 </td >
    < td width ="205" > 心如玄铁 </td >
    < td width ="101" > 李易峰 </td >
    < td width ="88" > 试听 </td >
    < td width ="91" > 下载 </td >
```

```
        <td width ="101" > 删除 </td >
</tr >
<tr >
        <td align ="center" >2 </td >
        <td>第三人称 </td >
        <td>蔡依林 </td >
        <td>试听 </td >
        <td>下载 </td >
        <td>删除 </td >
</tr >
<tr >
        <td align ="center" >3 </td >
        <td>雨打花瓣的声音 </td >
        <td>周传雄 </td >
        <td>试听 </td >
        <td>下载 </td >
        <td>删除 </td >
</tr >
<tr >
        <td align ="center" >4 </td >
        <td>不安的灵魂 </td >
        <td>周传雄 </td >
        <td>试听 </td >
        <td>下载 </td >
        <td>删除 </td >
</tr >
<tr >
        <td align ="center" >5 </td >
        <td>板兰花儿开 </td >
        <td>雷佳 </td >
        <td>试听 </td >
        <td>下载 </td >
        <td>删除 </td >
</tr >
<tr >
```

```
            <td align="center">6</td>
            <td>光棍好苦</td>
            <td>司文</td>
            <td>试听</td>
            <td>下载</td>
            <td>删除</td>
        </tr>
        <tr>
            <td align="center">7</td>
            <td>满院落叶</td>
            <td>周传雄</td>
            <td>试听</td>
            <td>下载</td>
            <td>删除</td>
        </tr>
        <tr>
            <td align="center">8</td>
            <td>刀塔传奇</td>
            <td>胡夏</td>
            <td>试听</td>
            <td>下载</td>
            <td>删除</td>
        </tr>
        <tr>
            <td align="center">9</td>
            <td>七年之仰</td>
            <td>必须组合</td>
            <td>试听</td>
            <td>下载</td>
            <td>删除</td>
        </tr>
        <tr>
            <td align="center">10</td>
            <td>相思红颜</td>
            <td>段苏珊</td>
```

```
    <td>试听</td>
    <td>下载</td>
    <td>删除</td>
</tr>
</table>
```

加入上述代码后，执行的效果如图 6 - 16 所示。

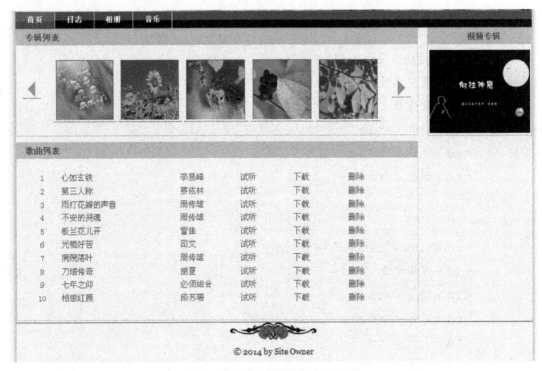

图 6 - 16　"歌曲列表"最终效果

任务 4　"歌曲播放"设计

【任务内容】

1. 采用浮动布局技术进行布局控制；

2. 插入播放器；

3. 最终实现如图 6 - 17 所示的效果。

图 6 - 17　"歌曲播放"效果

【实现步骤】

1. "歌曲播放"布局设计

1）加入"歌曲播放"布局代码。

在 music. html 文件中，切换代码视图，在"歌曲列表"代码的后面添加如下代码，目的是插入"歌曲播放"部分的内容。

```
< div id ="right02" > < /div >
```

2）加入样式代码。

在 music. css 文件中，加入 right02 样式代码，代码如下：

```
/* 歌曲播放样式设计* /
#right02{
    float:right;/* 右浮动* /
    height:100px;/* 高度为100像素* /
    width:180px;/* 宽度为180像素* /
    margin - top:10px;/* 上边距为10像素* /
    border:1px solid #CCC;/* 边框粗细为1像素、实线、边框颜色为灰色* /
}
```

加入上述代码后，执行效果如图 6 – 18 所示。

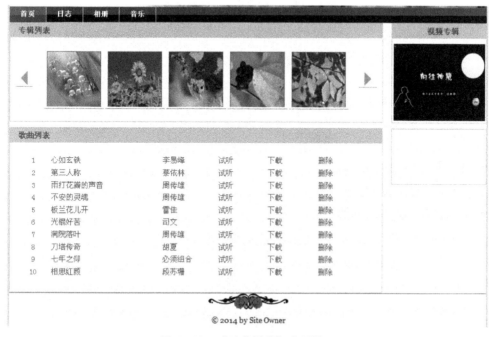

图 6 – 18　"歌曲播放"布局效果

2. 插入播放器

在 < div id ="right02" > < /div >代码中，执行"插入"→"媒体"→"插件"，选择

"home. mp3"，插入结果如图 6 - 19 所示。

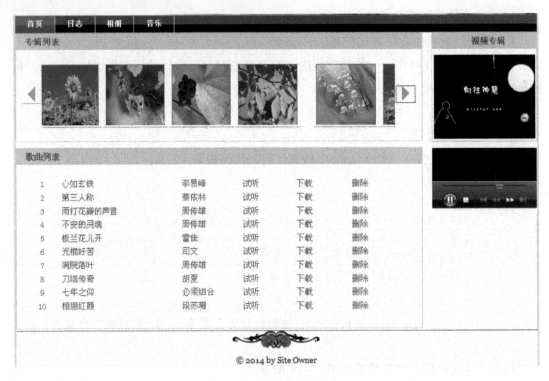

图 6 - 19　"歌曲播放"最终效果

任务 5　"歌词"设计

【任务内容】

1. 采用浮动布局技术进行布局控制；

2. 插入标题设计；

3. 添加歌词滚动字幕；

4. 最终实现如图 6 - 20 所示的效果。

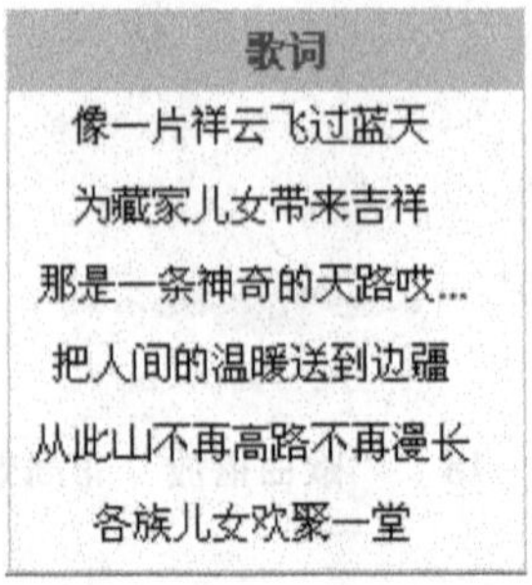

图 6 - 20　"歌词"设计效果

【实现步骤】

1. "歌词"布局设计

1) 加入"歌词"布局代码。

在 music.html 文件中,切换代码视图,在"歌曲播放"代码的后面添加如下代码,目的是插入"歌词"部分的内容。

```
<div id="geci"></div>
```

2) 加入样式代码。

在 music.css 文件中,加入 geci 样式代码,代码如下:

```
/* 歌词样式设计*/
#geci{
    float:right;/* 右浮动*/
    height:190px;/* 高度为190像素*/
    width:180px;/* 宽度为180像素*/
    margin-top:10px;/* 上边距为10像素*/
    border:1px solid #CCC;/* 边框粗细为1像素、实线、边框颜色为灰色*/
}
```

加入上述代码后,执行效果如图6-21所示。

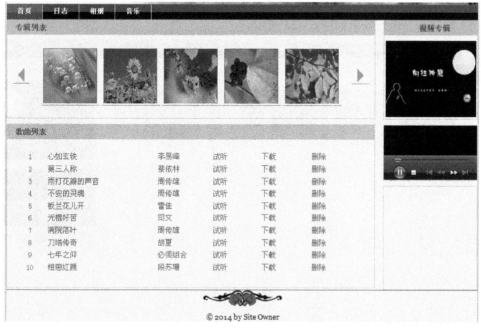

图6-21 "歌词"布局设计

2. 标题栏设计

1) 加入标题文字代码。

在 music.html 文件中，切换代码视图下，在 < div id ="geci" > </div > 之间加入如下代码：

```
<h1 >歌词 </h1 >
```

2）在样式表中加入标题样式。

在 music.css 文件中，加入标题 h1 的样式代码，代码如下：

```
/* 标题样式设计* /
.h1 {
    font - family:"宋体";/* 字体为宋体* /
    font - size:14px;/* 大小为14* /
    line - height:1.8em;/* 行高为1.8 倍* /
    color:#006699;/* 字体颜色为藏蓝色* /
    display:block;/* 块状显示* /
    padding - left:15px;/* 左填充为15* /
    border:1px solid #CCC;/* 边框粗细为1,实线、灰色* /
    background - color:#CCC;/* 背景颜色为灰色* /
}
```

样式设计完成后，将样式应用于 h1 中，代码如下加粗部分：

```
<h1 class ="h1" >歌词 </h1 >
```

加入样式后，运行效果如图 6 –22 所示。

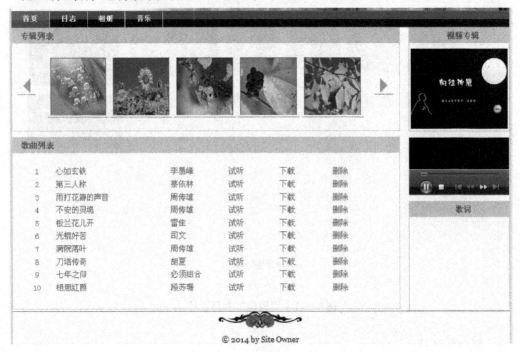

图 6 –22　标题栏设计

3. 滚动字幕设计

为了使歌词能在浏览器中以滚动的效果显示，可以在 HTML 代码中把歌词加入到 < marquee > … < /marquee > 标签中，切换代码视图，在 < h1 class = "h1" > < /h1 > 代码之后添加如下代码：

```
< marquee direction = up width = 170 height = 160 scrollamount = 1
scrolldelay = 50 OnMouseOver = this. stop() OnMouseOut = this. start() >
    < center >
        < p > 清晨我站在青青的牧场 < /p >
        < p > 看到神鹰披着那霞光 < /p >
        < p > 像一片祥云飞过蓝天 < /p >
        < p > 为藏家儿女带来吉祥 < /p >
        < p > 那是一条神奇的天路哎… < /p >
        < p > 把人间的温暖送到边疆 < /p >
        < p > 从此山不再高路不再漫长 < /p >
        < p > 各族儿女欢聚一堂 < /p >
        < p > 黄昏我站在高高的山冈 < /p >
        < p > 看那铁路修到我家乡 < /p >
        < p > 一条条巨龙翻山越岭 < /p >
        < p > 为雪域高原送来安康 < /p >
        < p > 那是一条神奇的天路哎… < /p >
        < p > 带我们走进人间天堂 < /p >
        < p > 青稞酒酥油茶会更加香甜 < /p >
        < p > 幸福的歌声传遍四方 < /p >
        < p > 幸福的歌声传遍四方 < /p >
    < /center >
< /marquee >
```

加入上述代码之后，滚动字幕效果制作完成，效果如图 6 - 23 所示。

图 6-23 "歌词"效果

6.2 主要知识点

6.2.1 脚本语言

1. Javascript 简介

Javascript 是一种解释性的、基于对象的脚本语言（an interpreted, object-based scripting language）。

HTML 网页在互动性方面能力较弱。例如下拉菜单，即用户点击某一菜单项时，自动出现该菜单项的所有子菜单的功能，用纯 HTML 网页无法实现；又如验证 HTML 表单（Form）提交信息的有效性，用户名不能为空，密码不能少于 4 位，邮政编码只能是数字之类，用纯 HTML 网页也无法实现。要实现这些功能，就需要用到 Javascript。

Javascript 是一种脚本语言，比 HTML 要复杂。不过即使你之前不懂编程，也不用担心，因为 Javascript 写的程序都是以源代码的形式出现的，也就是说你在一个网页里看到一段比较好的 Javascript 代码，恰好你也用得上，就可以直接拷贝，放到你的网页中。正因为具有可以借鉴、参考优秀网页的代码的特点，使得 Javascript 变得非常受欢迎，从而被广泛应用。不懂编程的人，多参考 Javascript 示例代码，也能很快上手。

Javascript 主要是基于客户端运行的，用户点击带有 Javascript 的网页，网页里的 Javascript 将操作或者数据传到浏览器，由浏览器对此作处理。前面提到的下拉菜单、验证表单有效性等大量互动性功能，都是在客户端完成的，不需要与 Web Server 发生任何数据交换，因此，不会增加 Web Server 的负担。

几乎所有浏览器都支持 Javascript，如 Internet Explorer（IE），Firefox，Netscape，Mozilla，Opera 等。

2. 简单的 Javascript 入门示例

我们先来看一个最简单的例子，代码如下：

```html
<html>
    <head>
        <title>一个最简单的 Javascript 示例(仅使用了 document.write)
        </title>
    </head>
    <body>
        <script type="text/javascript">
            document.write("Hello,World!");
        </script>
    </body>
</html>
```

在 HTML 网页里插入 Javascript 语句，应使用 HTML 的 <script>。<script> 这个 tag 有个属性叫 type，type="text/javascript"表示插入 <script></script> 之间的为 Javascript 语句。

在上面的例子中，使用了 document.wirte，这是 Javascript 中非常常用的语句，表示输出文本。

我们还可以将这个例子写得更加复杂些，不但输出文本，而且输出带 HTML 格式的文本。代码如下：

```html
<script type="text/javascript">
    document.write("<h1>Hello,World! </h1>");
</script>
```

在参考别人的 Javascript 代码时，你也许会看到 <script> 里写的不是 type="text/javascript"，而是 language="javascript"。目前这两种方法都可以表示 <script></script> 之间的代码是 Javascript。其中 language 这个属性在 W3C 的 HTML 标准中，已不再推荐使用。

示例代码如下:

```html
<html>
    <head>
        <title>用 document.write 输出带格式的 HTML 文本的 Javascript
        示例</title>
    </head>
    <body>
        <script type="text/javascript">
            document.write("<h1>Hello World! </h1>")
        </script>
    </body>
</html>
```

示例执行结果如图 6 - 24 所示。

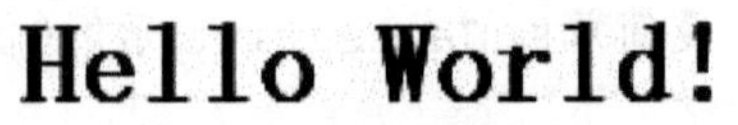

Hello World!

图 6 - 24   示例执行结果

3. Javascript 写在哪里

Javascript 程序可以放在:

HTML 网页的 <body> </body> 里;

HTML 网页的 <head> </head> 里;

外部 ".js" 文件里。

(1) Javascript 在 <body> </body> 之间。

当浏览器载入网页 Body 部分的时候,就执行其中的 Javascript 语句,执行之后输出的内容就显示在网页中。

```html
<html>
    <head>
    </head>
    <body>
        <script type="text/javascript">
        ....
        </script>
    </body>
</html>
```

示例代码如下:

```
<html >
    <head >
        <title >
            一个最简单的 Javascript 示例(仅使用了 document. write)
        </title >
    </head >
    <body >
        <script type ="text/javascript" >
            document. write("Hello,World!");
        </script >
    </body >
</html >
```

（2）Javascript 在 <head > </head >之间。

有时候并不需要一载入 HTML 就运行 Javascript，而是用户点击了 HTML 中的某个对象，触发了一个事件时，才需要调用 Javascript。这时候，通常将这样的 Javascript 放在 HT-ML 的 <head > </head > 里。

```
<html >
    <head >
        <script type ="text/javascript" >
        ....
        </script >
    </head >
    <body >
    </body >
</html >
```

示例代码如下：

```
<html >
    <head >
        <style >
            div{border:1px solid #00FF00;width:100px;text -
        align:center;cursor:hand;}
        </style >
        <script type ="text/javascript" >
            function clickme(){
                alert("You clicked me!")
```

```
        }
    </script>
</head>
<body>
    <p>
        请点击下面的"click me"。
    </p>
    <div onclick="clickme()">
        click me
    </div>
</body>
</html>
```

示例执行结果如图 6 - 25 所示。

请点击下面的"click me"。

```
[ click me ]
```

图 6 - 25　示例执行结果

（3）Javascript 放在外部文件里。

假如某个 Javascript 的程序被多个 HTML 网页使用，最好的方法是将这个 Javascript 程序放到一个后缀名为 ". js" 的文本文件里。这样做可以提高 Javascript 的复用性，减少代码维护的负担，不必将相同的 Javascript 代码拷贝到多个 HTML 网页里，将来一旦程序有所修改，也只要修改 . js 文件就可以，不用再修改每个用到这个 Javascript 程序的 HTML 文件。

在 HTML 里引用外部文件的 Javascript，应在 Head 里写一句 < script src ="文件名" > </script > ，其中 src 的值，就是 Javascript 所在文件的文件路径。

示例代码如下：

```
<html>
    <head>
        <script src="http://www.admin5.com/html/asdocs/js_tuto-
        rials/common.js">
        </script>
    </head>
    <body>
    </body>
```

```
</html>
```

示例里的 common. js 其实就是一个文本文件,内容如下:

```
function clickme(){
    alert("You clicked me!")
}
```

6.2.2　滚动字幕标记

在 HTML 中,运用 < marquee > 标记可以实现网页元素向左、向右、向上、向下的多种滚动效果,这些效果在网页中应用非常广泛。

1. Marquee 的基本语法

```
< marquee >... < /marquee >
```

移动属性的设置,这种移动不仅仅应用于文字,也可以应用于图片、表格,等等。

2. 属性

1)方向。

Direction 属性用来设定滚动方向,值有 left、right、up、down。

示例1:

```
< marquee direction = left > 从右向左移! < /marquee >
```

2)方式。

Behavior 属性用来设定滚动方式,值有 scroll, slide, alternate。

示例2:

```
< marquee behavior = scroll > 一圈一圈绕着走! < /marquee >
< marquee behavior = slide > 只走一次就歇了! < /marquee >
< marquee behavior = alternate > 来回走 < /marquee >
```

3)循环。

Loop 属性用来设定滚动是否循环,循环次数,其值可以是一个数字。当未设定循环次数时为持续循环。

示例3:

```
< marquee loop = 3 width = 50%  behavior = scroll > 只走 3 趟 < /marquee > < P >
< marquee loop = 3 width = 50%  behavior = slide > 只走 3 趟 < /marquee >
< marquee loop = 3 width = 50%  behavior = alternate > 只走 3 趟! < /marquee >
```

4)速度。

scrollamount 属性用来设定滚动的速度,其值为一个数值。

示例4：

`<marquee scrollamount =20 >啦啦啦,我走得好快哟！</marquee >`

5）延时。

scrolldelay 属性用来设定滚动延迟，值为一个数值。

示例5：

`<marquee scrolldelay =500 scrollamount =100 >啦啦啦,我走一步,停一停！</marquee >`

6）外观设置。

Layout 属性用来设定滚动外观。

7）对齐方式。

Align 属性用来设定滚动的对齐方式，值有 top，middle，bottom。

示例6：

`<marquee align =middle width =400 >啦啦啦,我会移动耶！</marquee >`

8）底色。

bgcolor 属性用来设定滚动背景颜色，值为 16 进制数码，或者是下列预定义色彩：Black，Olive，Teal，Red，Blue，Maroon，Navy，Gray，Lime，Fuchsia，White，Green，Purple，Silver，Yellow，Aqua。

示例7：

`<marquee bgcolor =#aaaaee >颜色！</marquee >`

9）面积。

height 和 width 属性用来设定滚动面积，其值可以是一个数值也可以是百分比。

示例8：

`<marquee height =40 width =50% bgcolor =aaeeaa >面积！</marquee >`

10）悬停。

Onmouseover 属性用来设定鼠标放置在滚动体上面的状态，onmouseout 属性用来设定鼠标离开滚动体的状态。

示例9：

当鼠标放在滚动体上面时就停止滚动，移开时又继续滚动。

`<marquee id ="li" Onmouseover ="this. stop( )" onmouseout ="this. start ( )" >滚动内容</marquee >`

6.2.3 多媒体元素添加

在网页设计过程中，往往需要添加一些 flash 文件、视频、音乐等内容来增加网页的视觉效果和听觉效果，下面就来介绍如何添加多媒体元素。

1. flash 文件

1）插入 flash 文件。

（1）将插入点置于要插入 flash 文件的位置。

（2）在"插入"栏的"常用"类别中，选择"媒体"菜单后单击"swf"。

（3）在"选择文件"对话框中，定位并选取一个 Flash 文件（扩展名为 . swf）。

（4）单击"确定"按钮。

2）在"设计视图"中预览 flash。

（1）选中 flash 文件图标。

（2）在属性检查器中单击"播放"。

（3）单击"停止"按钮结束预览。

3）设置 flash 文件属性。

在设计视图中选择 flash 文件后在属性面板中进行属性设置，如图 6 – 26 所示。

图 6 – 26　flash 文件属性

● ［名称］为脚本程序指定 flash 文件的名称。

● ［宽］和［高］指定 flash 文件的宽度和高度（单位：像素）。

● ［文件］指定 flash 文件的路径。

● ［编辑］启动 flash 软件编辑并更新当前所选择的 flash 影片。

● ［循环］选中该选项 flash 文件将连续播放；如果没有选中该选项，则 flash 文件在播放一次后即停止播放。

● ［自动播放］选中该选项，则在加载页面时自动播放 flash 文件。

● ［垂直边距］和［水平边距］指定文件上、下、左、右空白处的像素数。

● ［品质］用于控制文件播放时的抗失真程度。

"高品质"：文件抗失真程度高，但要求处理器的速度较快。

"低品质"：文件观看效果较差，适用于速度较慢的处理器。

"自动低品质"首先看重速度，如有可能则改善画质。

"自动高品质"首先看重画质，根据需要降低文件外画质，从而提高速度。

● ［对齐］指定 flash 文件在页面上的对齐方式。

● ［背景颜色］为 flash 文件指定背景颜色。

● ［参数］打开参数对话框，用于输入传递给 flash 文件的附加参数。

在"参数"对话框中输入参数方法：

（1）单击加号（＋）按钮。

（2）在"参数"列中输入参数的名称。

（3）在"值"列中输入该参数的值。

2. 添加音频

1）音频格式。

音频格式：将音源信号按照不同的协议与方法录制和压缩处理后形成的声音文件格式。网络常用音频格式如表6－1所示。在网络中，网站的加载速度非常重要，制作网页时文件大小直接决定了网页的加载速度，常用网络音频格式大小比较如图6－27所示。

表6－1　网络常用音频格式

音频格式	主要特点
.wav	Wave Audio Files（波形声音文件）是微软公司开发的一种声音文件格式，是最早的数字音频格式。被用于保存 Windows 平台的音频信息资源，可以从麦克风等输入设备直接录制 WAV 文件。 该文件具有较好的声音品质，但因为没有经过压缩，文件庞大，不便于网络交流与传播。有时用于网页中较短的声音特效
.mid	Musical Instrument Digital Interface（数字接口电子乐器）使用电子合成器制作出来的音乐，采用数字方式对乐器的声音进行记录，播放时再对这些记录进行合成。 优点：文件非常小，适用于网页背景音乐、游戏软件或手机铃声。网络上各种流行的播放器都支持播放
.mp3	MPEG – Audio Layer – 3 是采用国际标准 MPEG 中的第三层音频压缩模式对声音信号进行压缩的一种声音格式。 优点：压缩比高（每分钟 MP3 格式的音乐大小只有 1MB 左右，每首歌的大小为 3～4MB）、音质较好、制作简单、交流方便，是网络上流行的音乐媒体格式。使用 MP3 播放器或安装插件即可播放
.wma	Windows Media Audio 是由微软开发的音频格式。WMA 格式具有比 MP3 更高的压缩比（生成的文件大小只有相应 MP3 文件的一半）并支持流媒体技术，可以一边下载一边播放，适合于网络上使用。 安装 Windows media player 播放器即可播放
.rm	Real Media 是由 Real Networks 公司开发的网络流媒体格式。具有比 MP3、WMA 格式更高的压缩比，支持"流式"播放，可以根据网络传输速率制作出不同的压缩比率，从而实现在低速率的网络上进行音频数据的实时传送和播放。 安装 RealPlayer 播放器可以实现在线播放

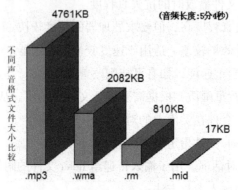

图6－27　不同声音格式文件大小比较

2）制作网页背景音乐。

下载网页后播放背景音乐。背景音乐最好使用较小的音乐文件，推荐使用 . mid 格式文件。

方法：通过 < bgsound > 标签添加背景音乐。

（1）打开需要添加背景音乐的页面，点击"代码"进入代码视图。

（2）在 body 标签后输入" < "，单击右键，选择"插入标签"，弹出如图 6 - 28 所示的对话框，选择"HTML 标签"→"bgsound"，单击插入。

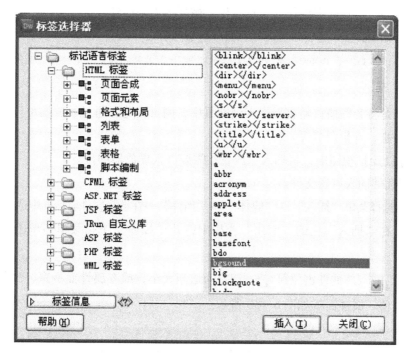

图 6 - 28 标签选择器

（3）弹出如图 6 - 29 所示 bgsound 标签选择器对话框。

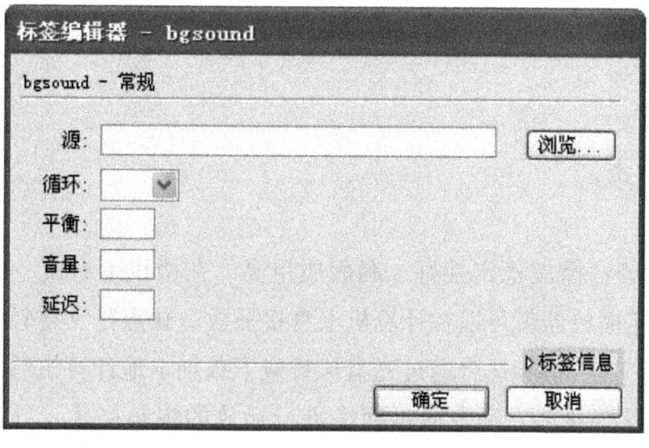

图 6 - 29 bgsound 选择器设置

- 源：用于设置音乐文件的路径，点击"浏览"按钮选择背景音乐文件。
- 循环：设置音乐循环的次数，－1 为无限循环
- 平衡：音乐的左右平衡
- 音量：音乐的音量设置，值为 0～100
- 延迟：音乐播放时的延迟

（4）点击确定按钮。

示例：

插入一个 mid 格式的文件作为背景音乐，循环为无限循环。

对应代码如下：

```
<bgsound src="hometown.mid" loop="-1"/>
```

3. 嵌入声音

嵌入声音是将音频播放器直接嵌入到网页中，网页浏览者通过播放器可以自行控制声音的播放、停止、音量调节等。

1）在【设计】视图中，将插入点放置在需要嵌入播放器的位置。

2）使用插件插入声音文件。

方法一：选择菜单"插入"→"媒体"→"插件"→在选择文件对话框中选取声音文件。

方法二：在"插入"栏的"常用"类别中打开"媒体"下拉菜单→单击"插件"→选取声音文件。

3）选择已插入的插件占位符，调整为适当大小，或在属性面板宽、高区域中输入宽度值和高度值。属性面板如图 6－30 所示。

图 6－30　插件属性面板

4. 嵌入视频

1）视频文件格式。

视频格式分类：

- 本地影像视频：播放稳定性好、画面质量高，在微机上有统一的标准格式，兼容性好，不用安装特定播放器就可以在计算机上直接播放。缺点是文件较大，在网络上观看与下载有一定困难。这类视频适合通过光盘拷贝或下载到本地计算机后播放。
- 网络流媒体影像视频：适合通过网络进行播放的视频格式。具有压缩率高、影像图像的质量较好等特点，采用流媒体形式，即可以一边下载一边播放。先从服务器上下载

一部分视频文件，形成视频流缓冲区后实时播放，同时继续下载，从而实现影像数据的实时传送和实时播放。有些网络流媒体影像视频格式的文件，需要安装相应的播放器或解码器才能观看。

网络常用视频文件格式如表 6－2 所示，常用网络视频格式大小比较如图 6－31 所示。

表 6－2 常用视频格式

文件格式	主 要 特 点
AVI 格式	Audio Video Interleaved（音频视频交错）微软公司开发的一种数字音频与视频文件格式。它具有调用方便、图像质量好等优点，在多媒体光盘上保存的各种影像信息大多是这种格式。缺点：视频文件庞大，适合于在本地播放，不适合在网络上播放
MPEG 格式	Moving Picture Experts Group（动态图像专家组）。MPEG 采用有损压缩方法减少运动图像中的冗余信息从而达到高压缩比的目的，MPEG 的压缩效率较高，同时图像和声音的质量也较好。该格式在微机上有统一的标准格式，兼容性好。目前被广泛地应用在 VCD 或 DVD 的制作和一些网络视频片段的下载方面
WMV 格式	Windows Media Video 是 Microsoft 公司开发的在 Internet 上实时传播多媒体的一种技术标准。WMV 的主要优点：支持本地或网络播放，采用流媒体形式，从而实现影像数据的实时传送和实时播放，压缩率高、影像图像的质量较好，目前在网络在线视频中广泛使用。使用 Windows Media Player 即可播放
RM/RMVB 格式	Real Media 是 RealNetworks 公司开发的一种新型流式视频文件格式。主要优点：压缩率更高，可以根据网络数据传输速率的不同而采用不同的压缩比，从而实现影像数据的实时传送和实时播放，目前广泛应用在低速率网络实时传输活动视频影像。需要使用 Real Player 等播放器播放
ASF 格式	Advanced Streaming Format 是微软公司推出的高级流媒体格式，是微软为了和现在的 Real player 竞争而发展出来的一种可以直接在网上观看视频节目的文件压缩格式，它的主要优点包括：支持本地或网络回放、媒体类型可扩充、压缩率和图像的质量较高。使用 Windows Media Player 等播放器播放
FLV 格式	.flv 是一种 flash 格式的视频文件，通过 Flash Player 传送与播放。FLV 格式的文件包含经过编码的音频和视频数据。压缩率和图像的质量较高。可以直接在网上观看。是目前网络上最为流行的视频文件格式

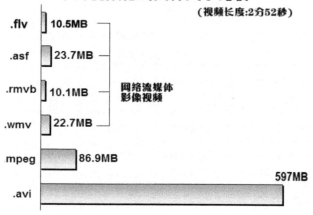

图 6－31 不同格式的视频文件大小比较

2）插入视频 。

通过使用插件可以在 Web 站点上显示并播放一些已安装了播放器的视频文件如 mpeg、wmv、rm 等。

（1）在文档窗口的设计视图中，将插入点放置在需要插入视频的地方。

（2）点击对象面板上的插件按钮。

（3）在出现的对话框中为插件选取一个视频文件。

（4）选择已插入的插件占位符 ，调整为适当大小或在属性面板宽、高区域中输入宽度值和高度值。

6.3　单元小结

本学习情境主要是完成网站的娱乐页面的设计，包括专辑列表、视频专辑、歌曲列表、歌曲播放以及歌词设计等。

通过完成以上任务的设计，读者掌握了以下几个方面的技能：

1）掌握如何在网页中插入脚本；

2）掌握如何在网页中播放歌曲；

3）掌握如何在网页中添加滚动字幕。

6.4　拓展知识

1. 根据所学知识点，完成如图 6-32 所示效果，其中图片为滚动图片。

2. 填空题。

1）在 HTML 标签中，_____标签是插入背景音乐的，_____标签是插入图片的，_____标签是插入表格的。

2）在网页中嵌入多媒体，如电影、声音等用到的标记是_____。

3）在页面中添加背景音乐 bg. mid，循环播放 3 次的语句是_____。

4）在页面中实现滚动文字的标记是_____。

5）< img src = ″ex. GIF″ dynsrc =″ex. AVI″ loop = 3 loopdelay = 250 > 语句的功能是_____。

6）HTML 文件的扩展名_____。

3. 选择题。

图 6-32　拓展知识效果图

1）下面哪一项的电子邮件链接是正确的？（　　　）

　　A. xxx. com. cn　　B. xxx@. net　　　C. xxx@ com　　　D. xxx@ xxx. com

2）关于表格的描述正确的一项是（　　　）。

　　A. 在单元格内不能继续插入整个表格

　　B. 可以同时选定不相邻的单元格

　　C. 粘贴表格时，不粘贴表格的内容

　　D. 在网页中，水平方向可以并排多个独立的表格

3）关于文本对齐，源代码设置不正确的一项是（　　　）。

　　A. 居中对齐：< div align = "middle" >…</div >

　　B. 居右对齐：< div align = "right" >…</div >

　　C. 居左对齐：< div align = "left" >…</div >

　　D. 两端对齐：< div align = "justify" >…</div >

4）下面哪一项是换行符标签？（　　　）

　　A. < body >　　　B. < font >　　　　C. < br >　　　　D. < p >

5）下列哪一项是在新窗口中打开网页文档？（　　　）

A. _ self   B. _ blank   C. _ top   D. _ parent

6) 下面对 JPEG 格式描述不正确的一项是（   ）。

A. 照片、油画和一些细腻、讲求色彩浓淡的图片常采用 JPEG 格式

B. JPEG 支持很高的压缩率，因此其图像的下载速度非常快

C. 最高只能以 256 色显示的用户可能无法观看 JPEG 图像

D. 采用 JPEG 格式对图片进行压缩后，还能再打开图片，然后对它重新整饰、编辑、压缩

7) 常用的网页图像格式有（   ）和（   ）。

A. gif，tiff   B. tiff，jpg   C. gif，jpg   D. tiff，png

8) 在客户端网页脚本语言中最为通用的是（   ）。

A. JavaScript   B. VB   C. Perl   D. ASP

9) 以下标记中，可用来产生滚动文字或图形的是（   ）。

A. ＜Scroll＞   B. ＜Marquee＞   C. ＜TextArea＞   D. ＜IFRAME＞

10) 若要在网页中插入样式表 main. css，以下用法中，正确的是（   ）。

A. ＜Link href = ″main. css″ type = text/css rel = stylesheet＞

B. ＜Link Src = ″main. css″ type = text/css rel = stylesheet＞

C. ＜Link href = ″main. css″ type = text/css＞

D. ＜Include href = ″main. css″ type = text/css rel = stylesheet＞

学习情境7 相册页面设计

相册页面在整个网站中属于子页面，采用框架来完成相册页面的制作。本情境将介绍关于框架的基本知识，并结合具体实例讲解在 Dreamweaver 中如何创建、使用框架，设置框架属性，利用框架进行布局等。

学习目标

本学习情境主要是让读者掌握页面框架设计的方法及技巧。通过学习此情境，读者将掌握以下知识点。

1. 掌握框架的基本知识；

2. 掌握 Dreamweaver 中创建、使用框架的方法；

3. 掌握框架标记及使用方法；

4. 掌握设置框架属性的方法；

5. 掌握利用框架进行布局的方法；

6. 掌握框架超级链接的使用方法。

效果预览

相册页面设计的效果图如图 7-1 所示。

图 7-1 相册页面效果图

单击个人相册，超级链接进入相册页面子页面，如图 7 - 2 所示。

欢迎光临我的相册！

个人相册

生活照

旅游

我的朋友

我的家人

图片1

图片2

图片3

图片4

图片5

图片6

图 7 - 2　相册子页面效果图

7.1　任务分解

任务 1　"个人相册"起始页面设计

【任务内容】

1. 采用 div + css 完成个人相册；

2. 右方图片采用阵列方式完成；

3. 最终实现如图 7 - 1 所示的效果。

【实现步骤】

1. 确定布局

如图 7 - 3 所示。

2. 操作步骤

参照学习情境 5，创建如图 7 - 1 所示效果图，代码如 1）所示。

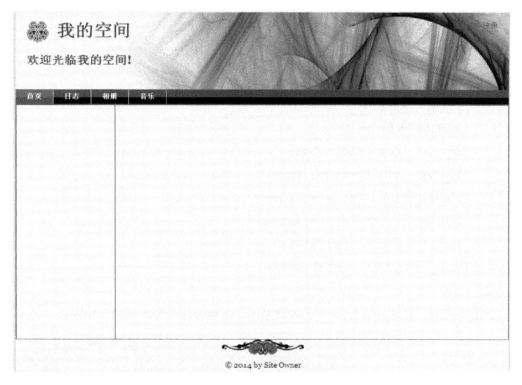

图7-3 相册页面的布局

1）新建一个 CSS 样式文件，文件名为 main. css，其中代码如下：

```css
#left {
    margin:0px;
    padding:0px;
    float:left;
    height:400px;
    width:20% ;
    border - top - width:1px;
    border - right - width:1px;
    border - left - width:1px;
    border - top - style:solid;
    border - right - style:solid;
    border - left - style:solid;
    border - top - color:#333;
    border - right - color:#333;
    border - left - color:#333;
}
```

```
#right{
    margin:0px;
    padding:0px;
    float:right;
    height:400px;
    width:79.5% ;
    border - top - width:1px;
    border - right - width:1px;
    border - top - style:solid;
    border - right - style:solid;
    border - top - color:#333;
    border - right - color:#333;
}
```

2）在 left 中，实现如图 7 – 4 所示的效果图，实现方法与学习情境 5 相同。

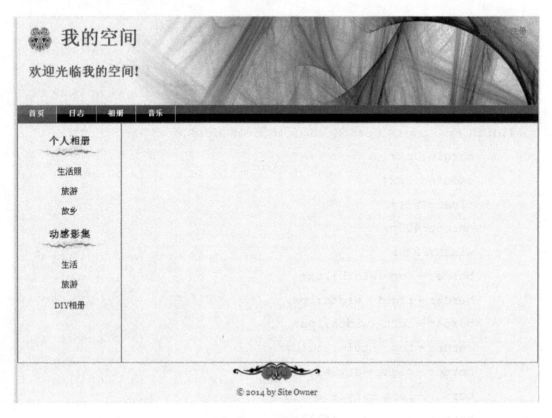

图 7 – 4   left 效果图

3）在 right 中，采用表格方式实现如图 7 – 5 所示的效果图。

在 right 中建立一个 4 行 3 列的表格，宽度为 720 像素，边框粗细为 0；然后在各个单元格中加入相应的内容。

图 7 - 5　right 效果图

任务 2　"相册"框架页设计

【任务内容】

1. 采用框架布局方式实现子页面；

2. 右方图片采用阵列方式完成；

3. 左方为相册导航；

4. 最终实现如图 7 - 2 所示的效果。

【实现步骤】

1）确定布局，如图 7 - 6 所示。

2）操作步骤。

（1）光标放入页面中，执行"插入"→"HTML"→"框架"→"上方及左侧嵌套"，完成如图 7 - 6 框架布局。

（2）采用学习情境 5 的方法，分别设置制作 top、left 和 main 页面，并以 top. html、left. html 和 main. html 命名保存各页面。

3）代码如下，完成效果如图 7 - 7 所示。

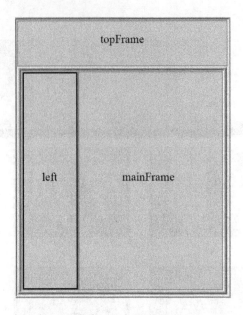

图 7-6 框架布局

图 7-7 框架效果图

```
<html xmlns ="http://www.w3.org/1999/xhtml">
    <head>
        <meta http - equiv ="Content - Type" content ="text/html;
        charset =utf -8"/>
        <title>诗词鉴赏</title>
```

```
</head>
<frameset rows="99,*" cols="1,*" frameborder="no" border="0"
  framespacing="0">
<frame src="UntitledFrame-1">
<frame src="scjstop.html" name="topFrame" scrolling="No" nore-
  size="noresize" id="topFrame" title="topFrame"/>
<frame src="UntitledFrame-2">
<frameset rows="*" cols="262,*" framespacing="0" frameborder
  ="no" border="0">
<frame src="scjsleft.html" name="leftFrame" scrolling="auto"
  noresize="noresize" id="leftFrame" title="leftFrame"/>
<frame src="scjsright.html" name="mainFrame" id="mainFrame"
  title="mainFrame"/>
</frameset>
</frameset>
<noframes>
    <body>
    </body>
</noframes>
</html>
```

4）为左侧导航添加超级链接，目标设置为 mainframe，完成。

7.2　主要知识点

7.2.1　框架的基础知识

框架是网页中经常使用的效果。使用框架，可以在同一浏览窗口中显示多个不同的文件。最常见的用法是将窗口的左侧或上侧的区域设置为目录区，用于显示文件的目录或导航条。而将右边一块面积较大的区域设置为页面的主体区域。在文件目录和文件内容之间建立超级链接，用户单击目录区中的超级链接，文件内容将在主体区域内显示，用这种方法便于用户继续浏览其他的网页文件。框架的使用效果如图 7 - 8 所示。

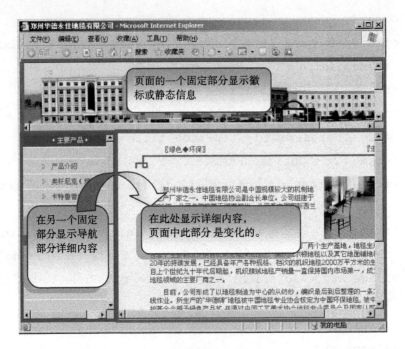

图 7-8　框架的使用效果

1. 基本概念

框架是一种特殊的网页，它可以根据需要把浏览器窗口划分为多个区域，每个框架区域都是一个单独的网页。

框架集是一个定义框架结构的网页，它包括网页内框架的数量、每个框架的大小、框架内网页的来源和框架的其他属性等。单个框架包含在框架集中，是框架集的一部分，每个框架中都放置一个内容网页，组合起来就是浏览者看到的框架式网页。

一个框架结构由两部分网页文件构成：

• 框架（Frame）：框架是浏览器窗口中的一个区域，它可以显示与浏览器窗口中其余部分所显示内容无关的网页文件。

• 框架集（Frameset）：框架集也是一个网页文件，它将一个窗口以行和列的方式分割成多个框架，框架的多少根据具体有多少网页来决定，每个框架中要显示的是不同的网页文件。框架页面如图 7-9 所示。

2. 框架的基本原理

使用"框架"的目的是将浏览器窗口划分为若干个区域。框架网页并不是一个真正意义上的网页，它主要记录在框架网页中所包含的框架数量以及拆分方式等信息，每一个单独的框架将由具有实际内容的网页填充，如图 7-10 所示。

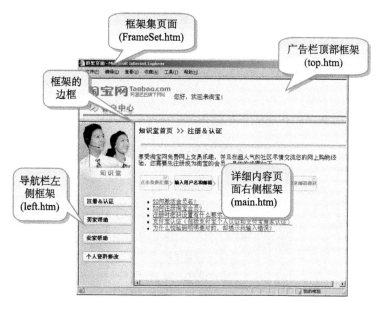

图 7 - 9　框架页面

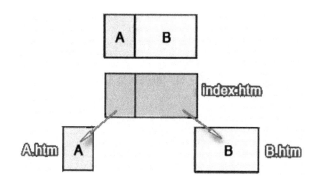

图 7 - 10　框架结构

这是一个左右结构的框架。事实上这样的一个结构是由三个网页文件组成的。首先外部的框架集是一个文件,图中用 index. htm 命名。框架中左边命名为 L,指向网页 A. htm。右边命名为 R,指向网页 B. htm。

如图 7 - 11 和图 7 - 12 所示,框架网页内共有三个框架,需要三个相对应的网页,因此,框架网页加上三个独立的网页,共有四个网页。

框架常应用于站点导航系统。图 7 - 11 和图 7 - 12 中上方的标题和左侧导航按钮是相同的。标题和导航按钮分别对应在两个独立的网页中。右下方的内容也分别对应于独立的网页,利用框架的链接属性,当访问者可以单击菜单项浏览其他内容时,导航菜单和标题几乎不发生任何变化。由此可见,框架网页不但是页面布局的解决方案,也是避免重复工作的一种方法。

3. 框架的优缺点

1) 在网页中使用框架具有以下优点:

图 7-11   框架网页 1

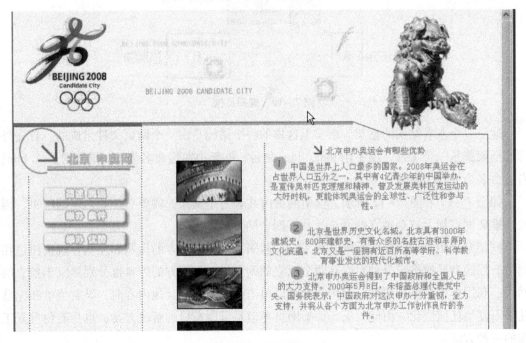

图 7-12   框架网页 2

（1）使网页结构清晰，易于维护和更新。

（2）访问者的浏览器不需要为每个页面重新加载与导航相关的图形。

（3）每个框架网页都具有独立的滚动条，因此访问者可以独立控制各个页面。

2）然而，在网页中使用框架也具有一些缺点：

（1）某些早期的浏览器不支持框架结构的网页。

（2）下载框架式网页速度慢。

（3）不利于内容较多、结构复杂页面的排版。

（4）大多数的搜索引擎都无法识别网页中的框架，或者无法对框架中的内容进行遍历或搜索。

7.2.2 框架的基本操作

在 7.2.1 节介绍了框架的概念、基本原理以及在网页中使用框架的优、缺点，对框架有了一定的了解。下面就来学习如何创建框架和框架集，以及框架的基本操作，属性设置等具体操作步骤。

1. 创建框架和框架集

Dreamweaver 提供了 15 种框架类型，分别是上方固定、上方固定下方固定、上方固定右侧嵌套、上方固定左侧嵌套、下方固定、下方固定右侧嵌套、下方固定左侧嵌套、右侧固定、右侧固定上方嵌套、右侧固定下方嵌套、垂直拆分、左侧固定、左侧固定上方嵌套、左侧固定下方嵌套和水平拆分等，如图 7-13 所示。

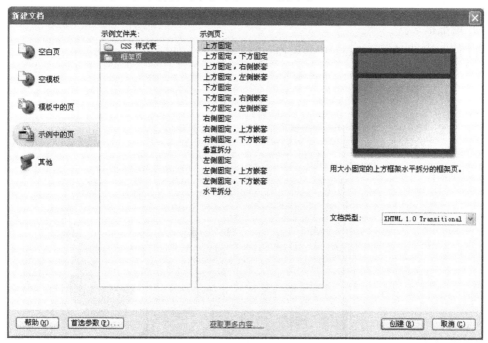

图 7-13 框架类型

在 Dreamweaver 中可以通过两种方式插入框架集。一种是自己直接拆分，另外一种是插入预先定义的框架集。Dreamweaver 预先定义的框架集存放在"插入"工具栏"HTML"选项中的"框架"按钮中，用户可以随意选择自己需要的框架集类型，或者利用如图 7 - 13 所示方法，单击"文件"→"新建"，选择"实例中的页"→"框架页"→选择自己需要的框架类型。例如选择上方固定框架类型，效果如图 7 - 14 所示。

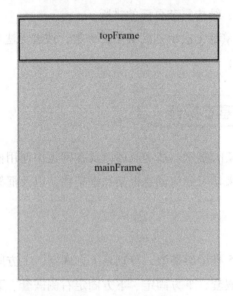

图 7 - 14 上方固定效果图

2. 增加、调整和删除框架

1）增加框架。

在图 7 - 14 中给 mainframe 框架添加 left 框架，效果如图 7 - 15 所示。

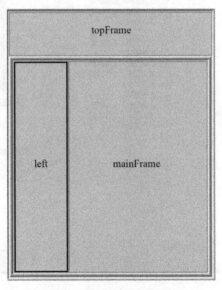

图 7 - 15 增加 left 框架

方法一：

先将光标停放在 mainframe 框架内，按住 Alt 键单击一下，然后在文档窗口中拖动框架边框（不要松开 Alt 键），将框架纵向划分，并选择"窗口"→"框架"，打开框架面板，选中刚才增加的框架，在框架属性栏设置框架名称为 left，如图 7 - 16 所示。

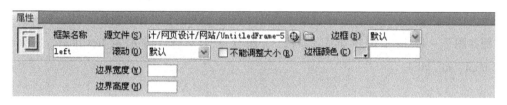

图 7 - 16　框架名称设置

方法二：

增加框架就是框架的嵌套。框架的嵌套是指一个框架集套在另一个框架集内。"上方固定，左侧嵌套"实际上就是一个嵌套的框架集，是在上下结构的框架集中嵌套一个左右结构的框架集。

具体操作步骤如下：

（1）将鼠标移至要创建嵌套框架集的框架内。

（2）单击"插入"→"HTML"→"框架"→"左对齐"命令菜单，新插入一个框架集，如图 7 - 15 所示。此时，嵌套框架集制作完成。

2）删除框架。

把鼠标指针移到要调整的框架边，出现双箭头后，按住鼠标左右或上下即可删除左右或上下框架。

3）调整框架的大小。

主要方法有两种：

方法一：拖动框架的边框调整大小

方法二：单击边框选中框架，在属性窗口中设置行或列的值，这种方法可以精确调整

4）选择框架和框架页。

● 在"框架"面板中选择框架和框架页。

（1）执行"窗口"→"框架"命令，可以打开"框架"面板，在该面板中显示出框架的层次结构比在文档窗口中显示的更为直观，框架由框架的名称加以识别。

（2）在"框架"面板中可以清楚地显示框架名，也可以方便地选择框架的各部分。

● 在"文档"窗口中选择框架和框架页。

（1）要在文档窗口中选择一个框架，在设计视图中，按住 ALT 键的同时按下上光标键。

（2）要选择父框架页，在选中当前框架的前提下，按住 ALT 键的同时按下上光标键。

（3）要选择当前选定框架的第一个子框架页，按住 ALT 键的同时按下下光标键。

3. 保存框架

在浏览器中预览框架页前，必须保存框架页文件及要在框架中显示的所有文件。执行"文件"→"框架集另存为……"命令和"文件"→"框架另存为……"命令，可以保存框架文件和框架中显示的文件。以前面的框架页一分为三的实例为例，保存的文件共有 4 个。为了便于管理和识别框架文件，建议框架文件和页内文件的文件名应该有一定的关联。

例如图 7 – 15 所示的框架页保存，需保存 4 个文件，分别是 top. html、left. html、main. html、all. html。

 7.2.3　框架面板

框架和框架集都是独立的 HTML 文档。要修改框架或框架集，必须先选择目标框架或框架集。

选择的方法包括在"文档"窗口中直接选择和使用"框架"面板进行选择。

1）在"文档"窗口中直接选择。

（1）要在"文档"窗口中直接选择框架，可以按住 Alt 键在框架内单击。

（2）要在"文档"窗口中直接选择框架集，可以在框架的边框上单击。

2）在"框架"面板中，框架集有明显的三维边框，而且框架有灰色线条并显示框架名。

打开框架面板，执行"窗口"→"框架"，在窗口右下角可以看到框架面板，如图 7 – 17 所示。

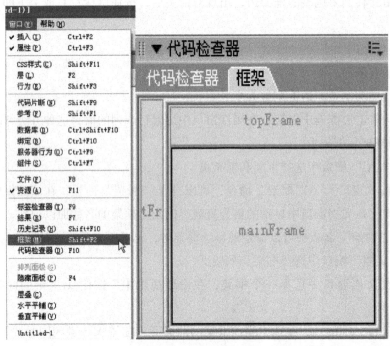

图 7 – 17　打开框架面板

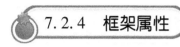

7.2.4 框架属性

设置框架的属性主要通过其属性面板进行，属性面板如图 7-18 所示。按住 Alt 键单击框架，可查看框架属性。

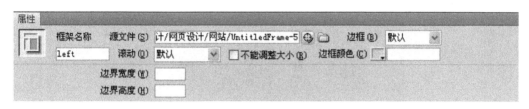

图 7-18 框架属性面板

属性面板中包括：

1）框架名称：决定用来作为超级链接目标和脚本引用的当前框架名。框架名可以是一个单词，也允许使用下划线，但是不允许用短横（-）、句点（.）和空格等，也不要使用中文。

2）源文件：决定框架的源文档，可输入文件名或单击文件夹图标浏览并选择文件。还有一种方法可以在框架中打开文件：先将光标停放在框架中，然后选择"文件"→"在框架中打开"。

3）滚动：决定在没有足够空间显示当前框架中的内容时是否使用滚动条。该下拉列表有四个选项，大多数浏览器默认值为"自动"。

4）不能调整大小：使当前框架不能重调大小，防止用户拖动框架边框。

5）边框：控制当前框架的边框。其选项为"是"、"否"和"默认"。本选项可以覆盖框架集定义的边框设置。

6）边框颜色：设置所有和当前框架相邻的边框的颜色。本选项可以设置框架集的边框颜色。

7）边界宽度：设置左右边距的宽度（单位为像素）。左右边距是指框架边框和内容之间的空间。

8）边界高度：设置上下边距的高度（单位为像素）。上下边距是指框架边框和内容之间的空间。

提示：在默认情况下，Dreamweaver 将设置默认的框架边距宽度和高度值。这样可能会使网页内容和边框之间存在距离。因此，要消除该边距，可以将"边界宽度"和"边界高度"两个值均设置为 0。这样，再到浏览器中预览时，框架和内容之间就没有距离了。

7.2.5 框架集属性

要查看框架集属性，单击框架边框。要查看所有的框架集属性，可单击"属性"面板右下角的扩展箭头。如图 7－19 所示。

图 7－19 框架集属性

其中，框架集属性包括：

1）边框：控制当前框架集内框架的边框。有三个选项：

选择"是"可以显示三维和灰度边框；

选择"否"可以显示扁平和灰度边框；

选择"默认"可以由浏览器确定如何显示边框。

2）边框宽度：指定当前框架集中边框的宽度。

3）边框颜色：设置当前框架集中所有边框的颜色。

4）值：指定所选择的行或列的大小。

5）单位：指定所选择的行或列是显示以像素为单位的固定大小，还是根据浏览器窗口的百分比显示大小，抑或扩展或缩小以填充窗口中的剩余空间。

6）行列选定范围：识别选定行或列的选择。单击左边的标签可选择行，单击上面的标签可选择列。

7.2.6 框架的超级链接

在框架网页中制作超级链接时，一定要设置链接的目标属性，为链接的目标文档指定显示窗口。链接目标（其他网站）较远时，一般放在新窗口，在导航条上创建链接时，一般将目标文档放在另一个框架中显示（当页面较小时）或全屏幕显示（当页面较大时）。

"目标"下拉菜单中的选项：

＊＿blank 放在新窗口中。

＊＿parent 放到父框架集或包含该链接的框架窗口中。

＊＿self 放在相同窗口中（默认窗口无须指定）。

＊＿top 放到整个浏览器窗口并删除所有框架。

在保存框架名为 mainFrame、leftFrame、topFrame 的框架后，在目标下拉菜单中，还会出现 mainFrame、leftFrame、topFrame 选项：

* mainFrame 放到名为 mainFrame 的框架中。

* leftFrame 放到名为 leftFrame 的框架中。

* topFrame 放到名为 topFrame 的框架中。

 ## 7.2.7　框架标记

1. 建立框架

建立框架的基本结构为：

```
<frameset>
    <frame  src="url">
    <frame  src="url">
    …
</frameset>
```

1）<frameset>标记。

<frameset>标记用来定义一个框架集的属性，格式为：

```
<frameset  row="数"  cols="数"  border="像素数"
    bordercolor="颜色"  frameborder="yes/no"  framespacing="值">
    …
</frameset>
```

框架有横向和纵向之分。对一个框架来说，其大小是很重要的。<frameset>的 rows 和 cols 属性用于设定横向分割和纵向分割的框架数目，如图 7－20 所示。

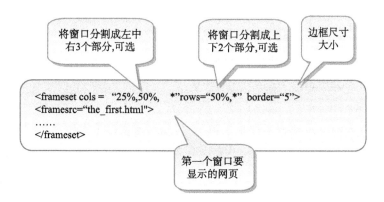

图 7－20　框架基本格式

例如，要建立有三个横向框架的页面，可写为：

```
<frameset row=x1 或 y1% 或 z1*,x2 或 y2% 或 z2*,x3 或 y3% 或 z3*>
```

2）＜frame＞标记。

＜frame＞标记用于给各个框架指定页面的内容，也就是，它将各个框架和包含其内容的那个文件联系在一起。

＜frame＞是一个单标记，格式为：

＜frame src ＝"源文件名 . html" name ＝"框架名" border ＝"像素数" bordercolor ＝"颜色" frameborder ＝yes 或 no marginwidth ＝x marginheight ＝y scrolling ＝yes 或 no 或 auto noresize ＞

3）嵌入标记。

嵌入框架所用的语句是：

＜iframe src ＝"eg9. htm" name ＝"window" width ＝200 height ＝300 ＞Here is a Floating Frame

＜/iframe ＞

这个标记是放在页面里面的，也就是放在＜body ＞...＜/body ＞里。

在这里面所显示的也就是 eg9. htm 里的内容，Here is a Floating Frame 仅仅是个说明性语句，并不会显示在页面上。

4）实例。

例如如下代码：

```
<html >
    <head >
        <title >New Page 2
        </title >
    </head >
    <frameset cols ="20% ,* ">
    <frame name ="left" src ="eg16. HTM">
    <frame name ="right" src ="eg9. HTM">
        <noframes >
        <body >
            <p >此网页使用了框架,但您的浏览器不支持框架。
            </p >
        </body >
        </noframes >
    </frameset >
</html >
```

其中：

- ＜frameset cols ＝"20% ,* "＞

这是用来决定框架里的页面的宽度，其实也就是如何分配框架中窗口的大小和位置。cols ="20%，*"表示这里的两个页面一个占浏览器的 20%，另一个页面占剩下的 80%，同样也可以通过像素的大小来定义，如果写成：cols ="200，*"则表示左边的页面占 200 像素，右边页面占剩下的像素。

如果写成 < frameset rows ="20%，*" >，则表示该框架网页是上下框架。

- < frame name ="left" src ="eg16. HTM" >

< frame name ="right" src ="eg9. HTM" >

这两句是决定所分布的页面的位置名称，以及对他们进行命名。命名的主要目的是决定打开方式。在学习情境 4 我们讨论过，如果希望在新窗口打开是_ blank。

但是，如果现在是个框架网页，我们希望左边的目标在右边的窗口打开，那超链接标签应该这样写：target = right。

这里还要注意，right 是由框架的名称决定的，如果框架名称改成其他内容，那 target 也应该改成相应内容。

2. 设置框架属性

框架的属性包括边框、颜色、滚动条等，这些属性使框架的外观发生变化，产生不同的艺术效果。

1）设定框架的外观。

利用 < frameset > 和 < frame > 标记可以设置边框的外观，如大小、颜色。两个标记所不同的是，< frameset > 标记设置的是整个框架各个边框的属性，而 < frame > 只能设置它所控制的框架。

（1）设定有无边框。

利用 < frameset > 和 < frame > 标记的 frameborder 属性可以设定有无边框。格式为：

< frameset   frameborder = yes 或 no 或 1 或 0 >

或   < frame   frameborder = yes 或 no 或 1 或 0 >

其中取值 yes 或 1（缺省）表示生成立体的边框，no 或 0 表示无边框。

（2）设定边框的颜色。

利用 < frameset > 和 < frame > 标记的 bordercolor 属性给边框着色。格式为：

< frameset   bordercolorr ="颜色" >

或 < frame   bordercolor ="颜色" >

2）固定边框。

在缺省情况下，浏览者可以用鼠标拖动边框改变页面的大小。使用 < frame > 的 noresize 属性可以固定边框的位置。格式为：

< frame   noresize >

noresize 没有值,加入 noresize 则固定边框。

3）页面空白区域的设置。

（1）设置框架内容与左右边框的空白宽度。

<frame>标记的 marginwidth 属性可设置框架内容与左右边框之间的空白。格式为：

<frame marginwidth=x>

其中 x 为像素数，取 1 以上的值。

（2）设置框架内容与上下边框的空白高度。

<frame>标记的 marginheight 属性可设置框架内容与上下边框之间的空白。格式为：

<frame marginheight=x>

其中 x 为像素数，取 1 以上的值。

（3）设置各窗口间的空白区域大小。

<frameset>中的 framespacing 属性可以设置各个窗口间的空白。格式为：

<frameset framespacing=x>

其中 x 取像素数。

3. 框架间的链接

使用<a>的 target 属性就可以控制目标文件在那个框架内显示。当单击热点文本时，目标文件就会出现在有 target 指定的框架内。target 属性的值可以为框架名，使用格式为：

<a href="目标文件名.html"target="框架名">热点文本</a>

框架名有四个特殊的值，分别实现 4 类特殊的操作：

1）_ blank 打开新的没有名字的浏览器窗口。

格式为：

<a href=url target=_blank>热点文本</a>

链接的目标文件被载入一个新的没有名字的浏览器窗口。

2）_ self 当前的框架。

格式为：

<a href=url target=_self>热点文本</a>

链接的目标文件被载入当前框架窗口中，代替正在显示的热点文本所在的那个文件。

3）_ top 整个浏览器窗口。

格式为：

<a href=url target=_top>热点文本</a>

4）_ parent 父窗口。

格式为：

<a href=url target=_parent>热点文本</a>

当框架为嵌套框架时，链接的目标文件被载入父框架中。否则，被载入整个浏览器窗口。

7.3 单元小结

本单元主要介绍关于框架的基本知识，并结合具体实例讲解在 Dreamweaver 中如何创建、使用框架，设置框架属性，利用框架进行布局，以及在框架中如何建立超级链接等内容。

7.4 拓展知识

1. 运用本单元所学习的框架技术，完成如图 7 – 21 所示的布局设计。

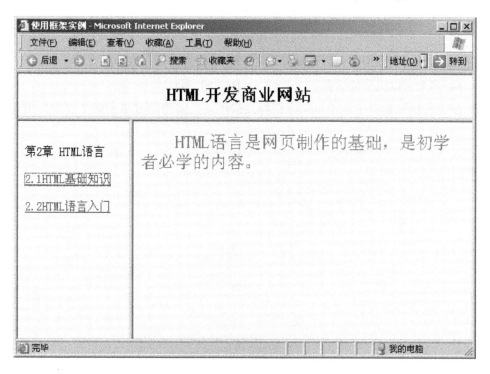

图 7 – 21 拓展知识效果图

2. 填空题。

1）使用框架有两个好处：一是可以用来_____页面，二是可以使页面具有_____功能。

2）在 Dreamweaver 中，在设置各部分框架属性时，参数 Scroll 是用来设置_____属性的。

3）定义框架集的标签是＿＿＿＿＿＿＿＿。

4）使用框架制作主页，页面上已经创建了三个框架，选择"文件"→"保存全部"进行文件保存时，系统将保存＿＿＿＿＿＿＿＿ HTML 文件。

3. 选择题。

1）框架的特点之一是每个框架都具有自己的滚动条＿＿＿＿。

　　A. 对　　　　　　　　B. 错

2）在"框架"面板中单击框架的外边框，则在文档窗口的＿＿＿＿。

　　A. 文档窗口的相应框架被选择　　　B. 和当前框架边框相关的框架集被选中

　　C. 整个框架集被选中　　　　　　　D. 以上都不对

3）框架页面将浏览器的显示窗口分为多个显示区域，每个显示窗口称为一个框架，它包含一个＿＿＿＿。

　　A. 文档窗口的相应框架被选择　　　B. 和当前框架边框相关的框架集被选择。

　　C. 整个框架集被选择　　　　　　　D. 以上都不对

4）框架页面将浏览器的显示窗口分为多个显示区域，每个显示窗口称为一个框架，它包含一个＿＿＿＿。

　　A. 单独的页面但不可以滚动　　　　B. 单独的、可以滚动的页面

　　C. 多个可以滚动的页面　　　　　　D. 以上都对

5）在"文档"窗口中选中框架应执行：按住＿＿＿＿键的同时单击某个框架即可选择该框架。

　　A. Alt　　　　　　B. Ctrl　　　　　　C. Shift　　　　　　D. Alt ＋ Ctrl

学习情境 8　注册页面设计

在互联网上，经常会看到一些注册页面，比如：想成为 qq 的会员需要填写的用户注册页面、想拥有某网站的电子邮箱所填写的邮箱注册页面等，一般情况下，要成为某个网站的会员或想拥有某个网站的特权时，都需要填写注册信息。

学习目标

在本学习情境中，读者将学习到如何在网站中创建注册页面，并能根据需求选择需要的注册信息。本学习情境以 Dreamweaver 作为注册页面的创建工具。

通过本学习情境的学习读者将掌握以下知识点：

1. 掌握表单的标记及使用方法；

2. 掌握对表单元素进行非空验证、用户名和密码、E-mail 是否正确等验证方法；

3. 掌握使用 javascript 对表单进行验证的方法。

效果预览

注册页面设计的效果图如图 8 - 1 所示。

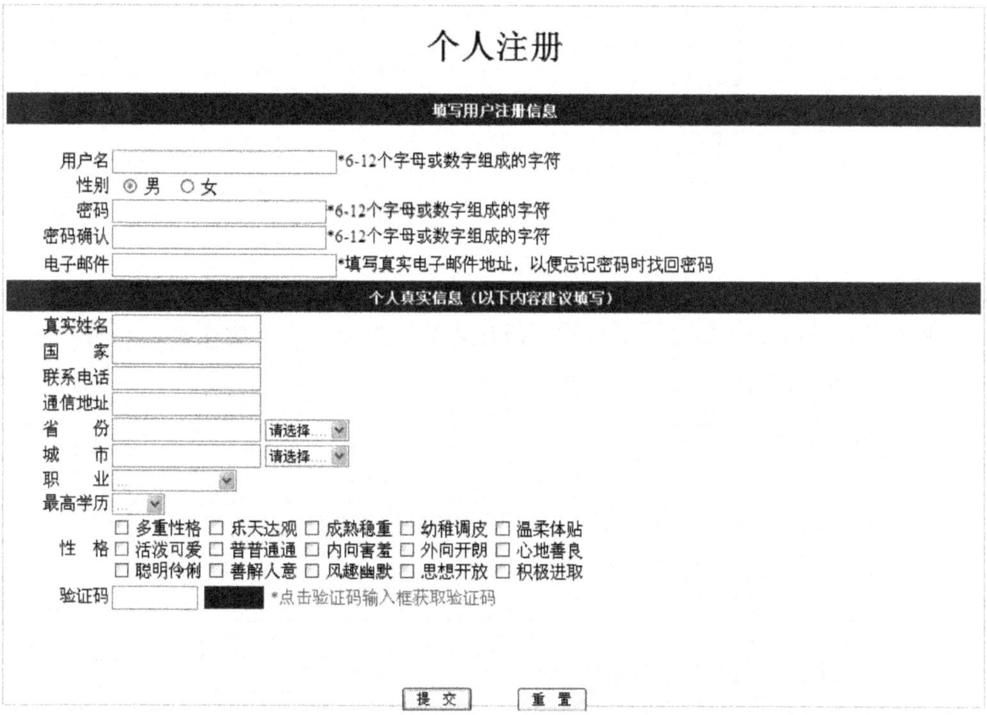

图 8 - 1　注册页面设计效果图

8.1 任务分解

任务1 注册页面设计

【任务内容】

1. 使用 DIV 层布局用户注册信息；

2. 在注册表单中，使用表格来布局用户注册信息；

3. 密码和确认密码的输入框，要求是密码框，并且输入的密码以"＊"显示；

4. 最终实现如图 8-1 所示的效果。

【实现步骤】

1. 创建注册页面

注册页面可以用模板制作出来。方法和前面的学习情境相同，即打开模板页面采用另存为的方法将其保存成注册页面文件 \ register \ register. html。在 Dreamweaver 中打开该网页，切换到代码视图，并在 < div id ="main" > </div >中添加 id ="reg"：

```
< div id ="main" >
    < div id ="reg" >
        注册内容在这里添加
    </div >
</div >
```

2. 设计注册界面的 css 样式

注册页面由 < div id ="reg" >来控制，因此将该页面的样式存放在 reg. css 文件中。打开 reg. css 文件加入以下代码：

```
/＊注册页面整体样式设计＊/
#reg {
    width:940px;
    float:left;
    margin - top:3px;
    border:1px solid #C6C4C4;
}
/＊设置注册部分 DIV 层中标记 <p >的样式＊/
```

```
#reg p{
    font - family:"宋体";
    font - size:12px;
    line - height:4ex;
    color:#333333;
    text - decoration:none;
    text - align:center;
    display:block;
    position:relative;
    top:20px;
}
```

3. 插入表单标记

在 Dreamweaver 中插入表单时，表单以红线显示。用浏览器浏览时，这些红线不会出现在网页中，仅在 Dreamweaver 中编辑时可见。添加到表单标记的每个表单元素必须在表单内部，否则，将视为另一个表单。

使用 Dreamweaver 打开 register. html 文件，将插入点放置于代码视图中的 < div id = "reg" > </div >标记之间，然后点击菜单栏上"插入"→"表单"→"表单"命令。

4. 插入表格

在表单中往往采用表格来对表单中的表单元素进行布局。

1）插入表格。

将光标放入表单中，然后插入一个 21 行 2 列的表格，合并第一行所有单元格，第二行所有单元格，第九行所有单元格，其他设置如图 8 -2 所示。

图 8 -2　设置表格属性

2）设置单元格的样式。

打开 reg. css 文件，编写 < td >标记的样式代码，要编写的代码如下所示。

```
td{
    padding:1px;
}
```

3）输入用户注册表单的标题文字。

在表格的第一行、第二行输入说明性文字，在设计视图中，选中第二行文字信息，然后单击右键，在弹出的菜单中选择"段落格式"→"标题1"命令。

4）设置标题1的样式。

在网页中找到如下代码：

＜h1＞填写用户注册信息＜/h1＞

设置标题样式，设置好的代码如下：

＜h1 class＝"h1"＞填写用户注册信息＜/h1＞

打开reg. css文件，编写h1样式代码，代码如下：

```
.h1{
    height:25px;
    font - family:"宋体";
    font - size:14px;
    font - weight:bold;
    color:#FFF;
    background - color:#333;
    display:block;
    line - height:1.8em;
    padding - right:0px;
    padding - bottom:0px;
    text - decoration:none;
    padding - top:4px;
    margin:1px;
    text - align:center;
}
```

5）输入表单中的文字。

在表格中，参照图8-1输入相应的说明性文字。并设置第4~8行单元格、第10~19行单元格"右对齐"，宽度都为100，如图8-3所示。

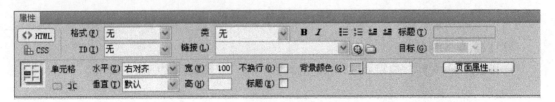

图8-3　设置单元格格式

5. 插入表单元素

1）插入"用户名"文本框。

把光标定位到第四行第 2 列单元格，输入一个宽度为 30 的文本框，文本框自动左浮动，并且 name 属性取名为"username"，在文本框后输入文字提示信息"6~12 个字母或数字组成的字符"，要输入的代码如下：

```
<input name ="username" id ="username" type ="text" size ="30" max-
length ="12" tabindex ="1" style ="float:left"/ > * 6~12 个字母或数字组成的
字符
```

同样在代码视图中，把光标定位到表格的第 8 行第 2 列，即"电子邮件"提示文字后的单元格，然后输入以下代码：

```
<input name ="e_mail" id ="e_mail" type ="text" size ="30" maxlength =
"50" tabindex ="5" style ="float:left;"/ > * 填写真实电子邮件地址,以便忘记
密码时找回密码
```

在代码视图下，把光标定位到第 10 行第 2 列单元格，即"真实姓名"提示文字后的单元格，然后输入以下代码：

```
<input type ="text" name ="realname" size ="18"/ >
```

在代码视图下，把光标定位到第 11 行第 2 列单元格，即"国家"提示文字后的单元格，然后输入以下代码：

```
<input name ="country" type ="text" size ="18"/ >
```

在代码视图下，把光标定位到第 12 行第 2 列单元格，即"联系电话"提示文字后的单元格，然后输入以下代码：

```
<input name ="userphone" type ="text" size ="18"/ >
```

在代码视图下，把光标定位到第 13 行第 2 列单元格，即"通信地址"提示文字后的单元格，然后输入以下代码：

```
<input name ="address" type ="text" size ="18"/ >
```

在代码视图下，把光标定位到第 19 行第 2 列单元格，即"验证码"提示文字后的单元格，然后输入以下代码：

```
<input type ="text" name ="checkCodeStr" id ="checkCodeStr" size ="8"
maxlength ="6" tabindex ="6"/ >
<input type ="text" disabled ="disabled" id ="oldChkCode" value =""
size ="3" readonly ="readonly"/ >
<span id ="imgid" style ="color:red" > * 点击验证码输入框获取验证码
</span > </td >
```

2）插入密码框。

在代码视图中，把光标定位到表格的第 6 行第 2 列单元格，即"密码"提示文字后的

单元格，也就是输入一个宽度为 30 的密码框，密码框自动左浮动，并把 name 属性取名为 "password"，在密码框后输入文字提示 "6 ~ 12 个字母或者数字组成的字符"，要输入的代码如下：

```
< input name = "password" id = "password" type = "password" size = "30" max-
length = "12" tabindex = "1" style = "float:left"/ > * 6 ~ 12 个字母或数字组成的
字符
```

在代码视图中，把光标定位到表格的第 7 行第 2 列单元格，即 "确认密码" 提示文字后的单元格，然后输入如下代码：

```
< input name = "password1" id = "password1" type = "password" size = "30"
maxlength = "12" tabindex = "1" style = "float:left"/ > * 6 ~ 12 个字母或数字组成
的字符
```

3）插入单选按钮。

在代码视图中，把光标定位到表格的第 5 行第 2 列单元格，即 "性别" 提示文字后的单元格，也就是输入两个单选按钮，默认选中 "男" 这个按钮，并把 name 属性都取名为 "sex"，以便于互斥，即每次只能选中其中的一个单选按钮，在第一个单选按钮后输入提示信息 "男"，在第二个单选按钮后输入提示信息 "女"。要输入的代码如下：

```
< input name = "sex" type = "radio" value = "1"  tabindex = "2" checked =
"checked" class = "checkbox"/ > 男   
```
```
< input name = "sex" type = "radio" value = "0" class = "checkbox"  tabindex
= "2"/ > 女
```

4）插入复选框。

在代码视图中，把光标定位到表格的第 18 行第 2 列单元格，即 "性格" 提示文字后的单元格，插入 15 个复选框，每个复选框后输入如图 9 - 1 所示提示信息。要输入的代码如下：

```
< input type = "checkbox" class = "chkbox" name = "character" value = "多重
性格" > 多重性格
```
```
< input type = "checkbox" class = "chkbox" name = "character" value = "乐天
达观" > 乐天达观
```
```
< input type = "checkbox" class = "chkbox" name = "character" value = "成熟
稳重" > 成熟稳重
```
```
< input type = "checkbox" class = "chkbox" name = "character" value = "幼稚
调皮" > 幼稚调皮
```
```
< input type = "checkbox" class = "chkbox" name = "character" value = "温柔
体贴" >
```

温柔体贴 < br >

   < input type = "checkbox" class = "chkbox" name = "character" value = "活泼可爱" >活泼可爱

   < input type = "checkbox" class = "chkbox" name = "character" value = "普普通通" >普普通通

   < input type = "checkbox" class = "chkbox" name = "character" value = "内向害羞" >内向害羞

   < input type = "checkbox" class = "chkbox" name = "character" value = "外向开朗" >外向开朗

   < input type = "checkbox" class = "chkbox" name = "character" value = "心地善良" >

心地善良 < br >

   < input type = "checkbox" class = "chkbox" name = "character" value = "聪明伶俐" >聪明伶俐

   < input type = "checkbox" class = "chkbox" name = "character" value = "善解人意" >善解人意

   < input type = "checkbox" class = "chkbox" name = "character" value = "风趣幽默" >风趣幽默

   < input type = "checkbox" class = "chkbox" name = "character" value = "思想开放" >思想开放

   < input type = "checkbox" class = "chkbox" name = "character" value = "积极进取" >

积极进取 < br >

5）插入列表框。

在代码视图中，把光标定位到表格的第 17 行第 2 列单元格，即"最高学历"提示文字后的单元格，要输入的代码如下：

< select size = "1" name = "education" >

    < option value = "" selected = "selected" >... < /option >

    < option value = "小学" >小学 < /option >

    < option value = "初中" >初中 < /option >

    < option value = "高中" >高中 < /option >

    < option value = "大学" >大学 < /option >

    < option value = "硕士" >硕士 < /option >

    < option value = "博士" >博士 < /option >

< /select >

设置属性如图8-4所示。

图8-4 设置列表框属性

6）插入"提交"和"重置"按钮。

在代码视图中，把光标定位到表格的第21行单元格，插入"提交"和"重置"按钮，要输入的代码如下：

< input id ="bt_save" tabindex ="11" value ="提　交"

type ="submit" name ="Submit"　onClick ="return checkForm();"/>

< input tabindex ="12" value ="重　置" type ="reset"/>

设置属性如图8-5和图8-6所示。

图8-5 设置"提交"按钮属性

图8-6 设置"重置"按钮属性

任务2 注册验证实现

【任务内容】

1. 在用户注册页面中对用户输入信息进行非空验证；

2. 验证用户名、密码和邮箱等信息。

【实现步骤】

1. 获取表单元素的值

1）查看表单元素对应的名称。

使用 Dreamweaver 打开"register. html"页面，查看用户名、密码、确认密码和电子邮件文本框对应的名称，其中加粗字体部分的代码分别为上述文本框对应的名称。其对应代码如下：

```
< td width ="838" >
< inputname ="username" id ="username"
...
< tr >
    < td align ="right" >密码 </td >
    < td  width ="838" > < input name ="password" id ="password"
...
< tr >
    < td align ="right" >密码确认 </td >
    < td width ="838" > < input name ="password1" id ="password1"
...
    < td align ="right" >电子邮件 </td >
    < td width ="838" > < input name ="e_mail" id ="e_mail"
...
```

2）在 reg. js 文件中添加获取表单元素的值。

在 Dreamweaver 中选择菜单"文件"→"新建"，在弹出的"新建"对话框中，选择页面类型为"JavaScript"创建一个 .js 文件，并将其保存到和注册页面相同的文件夹下，文件名为 reg. js。

2. 编写验证函数

1）创建表单验证的函数。

在刚才创建的 .js 文件中，创建用于表单验证的函数。实现思路是，首先取得表单元素对应的值，然后判断其值是否为空，代码如下：

```
//用于表单验证的函数
function checkForm( ){
    var user = document. forms [0] ["username"]. value;//取得用户填写的
    密码
    var pass = document. forms [0] ["password"]. value;//取得用户填写的
    密码
    var pass1 = document. forms [0]["password1"]. value;//取得确认密码
    var mail = document. forms [0] ["e_mail"]. value;//取得确认密码
    var chkCode = document. forms [0] ["checkCodeStr"]. value;//取得验
    证码
    // ===============验证用户名 ==================
    if(! checkUser(user))
```

```
        return false;
    // ═══════════════════════ 验证密码 ═══════════════════════

    if(! checkPass(pass,pass1))
        return false;
    // ═══════════════════════ 验证电子邮件 ═══════════════════════
    if(! checkMail(mail))
        return false;
    // ═══════════════════════ 验证验证码 ═══════════════════════
    if(! checkChkCode(chkCode))return false;
        return true;
}
```

2）检查用户名的函数。

用于检查用户名的函数的思路是，首先取得用户名表单元素对应的值，然后判断其值是否为空、用户名长度是否超过 6 ~ 12 字符的限制、用户名第一个字符是否是字母，并且用户名是否只由字母或数字组成，检查代码如下：

```
//检查用户名的函数 ═══════════════════════
function checkUser(user){
    var strings ="qwertyuiopasdfghjklzxcvbnmQWERTYUIOP-LKJHGFDSAZX-
CVBNM";
    //用户名和密码允许的字符
    var nums ="0123456789";
    var errMsg ="";      //存放错误信息的字符串
    //检查用户名是否填写
    if(user =""){
        showErrMsg("用户名不能为空! \n");
        return false;
    }
    //检查用户名是否是规定的字符
    var len = user. length;//取得用户名长度
    if(len <6||len >12){
        showErrMsg("用户名必须由 6 ~ 12 个字符组成! \n");return false;
    }//用户名长度不符合 6 ~ 12 字符的限制!
    //检查每个字符是否为字母或数字
    for(i=0;i <len;i + +){
```

```
        if(i == 0)//对于第一个字符,检查是否为字母
        if(strings. indexOf(user. charAt(i). toLowerCase()) < 0){
            showErrMsg("用户名第一个字符必须是字母!");
            return false;
        }
        else if(strings. indexOf(user. charAt(i). toLowerCase()) < 0
            &&nums. indexOf(user. charAt(i)) < 0){
            showErrMsg("用户名必须由字母或数字组成!");
            return false;
        }
    }
    return true;
}
```

3）检查密码的函数。

用于检查密码的函数的实现思路是，首先取得密码表单元素对应的值，然后判断其值是否为空，密码长度是否符合 6 ~ 12 字符的限制、密码的第一个字符必须为字母，并且密码只能由字母或者数字组成，而且密码和重复密码必须大小写一致，代码如下：

```
//检查密码的函数 ====================
function checkPass(pass,pass1){
    var strings ="qwertyuiopasdfghjklzxcvbnmQWERTYUIOPLKJHGFDSA-ZXCVBNM";
    //用户名和密码允许的字符
    var nums ="0123456789";
    var errMsg ="";//存放错误信息的字符串
    //检查密码是否填写
    if(pass ==""){
        showErrMsg("密码不能为空!\n");
        return false;
    }
    //检查密码是否规范
    var len =pass. length;//取得用户名长度
if(len < 6 ||len > 12){
    showErrMsg("密码必须由 6 ~12 个字符组成!\n");
    return false;
```

```
}//密码长度不符合6~12字符的限制！

//检查每个字符是否为字母或数字
for(i=0;i<len;i++){
    if(i==0)//对于第一个字符,检查是否为字母
    if(strings.indexOf(pass.charAt(i).toLowerCase())<0){
        showErrMsg("密码第一个字符必须是字母!");
        return false;
    }
    else if(strings.indexOf(pass.charAt(i).toLowerCase())<0
        &&nums.indexOf(pass.charAt(i))<0){
        showErrMsg("密码必须由字母或数字组成!");
        return false;
    }
}
//检查两次密码是否一致
if(pass!=pass1){
    showErrMsg("两次密码不一致!\n");
    return false;
}
return true;
}
```

4）检查邮件地址是否规范的函数。

用于检查邮件地址是否规范的函数的实现思路是，首先获取邮件表单元素对应的值，然后判断其值是否为空，并且电子邮件地址中包含一个字符"@"和一个字符"."，而且字符"@"在字符"."之前，另外字符"@"和字符"."左右必须有别的字符。代码如下：

```
//检查邮件地址是否规范
function checkMail(mail){
    var mailUserStr="_1234567890qwertyuiopasdfghjklzxcvbnm";//邮件
用户组成字符
    var mailDomainStr="1234567890qwertyuiopasdfghjklzxcvbnm";//邮
件域名组成字符
    var errMsg="";//存放错误信息的字符串

    //检查电子邮件是否为空
```

```
if(mail =="") {
    showErrMsg("电子邮件地址不能为空！\n");
    return false;
}


//检查电子邮件地址是否规范
//检查的方法：
//1)邮件地址串中包含1个@ ，
//2)整个串由字母、数字、下划线、点号和@ 组成。
//3)不能有两个连续的点
//4)点不能在最后，也不能在@ 之前
var atIndexR = mail.lastIndexOf("@ ");  //取得最右边@ 位置
var atIndexL = mail.indexOf("@ ");  //取得最左边@ 位置
var doublePotIndex = mail.indexOf("..");  //取得双点的位置
var pointIndexL = mail.indexOf(".");  //取得最右边点位置
var pointIndexR = mail.lastIndexOf(".");  //取得最右边点位置
var mailStrLen = mail.length;//取得邮件地址长度
var mUserStr = mail.substring(0,atIndexL -1);//取得用户名部分
var mDomainStr = mail.substring(atIndexL +1,mailStrLen -1);//取
得邮件中的域名


//判断是否包含@
if(atIndexL <0) {
    showErrMsg("电子邮件地址中必须包含一个@！\n");
    return false;
}


//判断是否只包含一个@
if(atIndexR! =atIndexL) {
    showErrMsg("电子邮件地址不能包含多个@！\n");
    return false;
}


//验证是否点号在@ 之后
if(pointIndexL >0&&pointIndexL <atIndexL) {
```

```
            showErrMsg("电子邮件地中@ 之前不能包含点号! \ n");
            return false;
        }


    //验证点号是否在域名中,且不是第一个和最后一个
    if(pointIndexL == atIndexL + 1 || pointIndexR == mailStrLen - 1){
            showErrMsg("邮件地址中,点号不能在域名的两头! \ n");
            return false;
        }


    //@ 号后是否有字符
    if(atIndexL == mailStrLen - 1){
            showErrMsg("邮件地址中,@ 号后必须包含域名! \ n");
            return false;
        }

    //检查用户名部分是否规范
    for(i = 0; i < mUserStr. length; i + +){
            if(mailUserStr. indexOf(mUserStr. charAt(i). toLowerCase())
            < 0){
                    showErrMsg("邮件用户名包含非法字符!");
                    return false;
                }
        }


//检查域名部分是否规范
for(i = 0; i < mDomainStr. length; i + +){
        if(mailDomainStr. indexOf (mDomainStr. charAt ( i ). toLowerCase
        ()) < 0){
                showErrMsg("邮件域名部分包含非法字符!");
                return false;
            }
        }
    return true;
}
```

3. 调用验证函数

1）引入 reg. js 文件中的代码。

使用 Dreamweaver 打开"register. html"页面，然后在其对应的源代码中的 HTML 头部引入 reg. js 代码，其对应代码如下加粗部分所示。

…

```
<title>无标题文档</title>
<link href ="register. css" rel ="stylesheet" type ="text/css"/>
<script language ="javascript" src ="reg. js" type ="text/javascript"
></script>
</head>
<body>
…
```

2）在注册表单中单击"提交"按钮调用注册验证函数。

代码如下加粗部分所示。

```
<input id ="bt_save" tabindex ="11" value ="提  交" type ="submit" name
="Submit"  onClick ="return checkForm();"/>
<input tabindex ="12" value ="重  置" type ="reset"/>
```

在上述代码编写正确的情况下，运行注册表单，如果用户名文本框填写信息不正确，则会弹出如图8-7、图8-8和图8-9所示的几种提示错误信息对话框。其他类似的截图就不一一列出了。

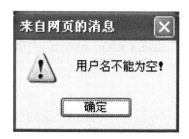

图8-7 用户名为空的情况

图8-8 用户名不满足长度限制的情况

图 8-9 用户名第一个字符不是字母的情况

任务 3 验证码实现

【任务内容】

1. 用脚本实现验证码效果;

2. 实现如图 8-10 所示的效果。

验证码 779671 779671 *点击验证码输入框获取验证码

图 8-10 验证码实现效果图

【实现步骤】

1. 编写产生验证码函数

1) 查看表单元素对应的名称。

使用 Dreamweaver 打开"register. html"页面,查看输入验证码文本框和产生原始验证码文本框对应的 id 名称,其对应的代码如下加粗部分:

```
<tr >
    <td align ="right" class ="tb" width ="100" > <span >验证码 </span >
        </td>
    <td width ="838" >
    <input type ="text" name ="checkCodeStr" id ="checkCodeStr" size
        ="8"
maxlength ="6" tabindex ="6"/ >
        <input  type ="text" disabled ="disabled" id ="oldChkCode"
value ="" size ="3" readonly ="readonly"/ >
    <span id ="imgid" style ="color:red" >* 点击验证码输入框获取验证码
        </span >
        </td>
</tr >
```

2) 插入产生原始验证码的函数。

在 reg. js 文件中加入产生原始验证码的函数，代码如下：

```
function getCheckCode(checkCode){
        //生成验证码的技术是随机产生 6 个数字
        var code = "";
        for(i = 0;i < 6;i + +)
                code = code + Math. floor(Math. random()* 10);
        document. forms[0]["oldChkCode"]. value = code;
}
```

2. 编写验证验证码是否正确的函数

在 reg. js 文件中编写验证原始验证码与用户输入的验证码是否一致的函数，其对应代码如下：

```
//验证验证码是否正确
function checkChkCode(chkCode){
        var oldchk = document. forms[0]["oldChkCode"]. value;   //取得原始验
        证码
        if(chkCode == ""){
                showErrMsg("请输入验证码!");
                return false;
        }
        if(oldchk! = chkCode){
                showErrMsg("验证码错误!");
                return false;
        }
        return true;
}
//显示错误消息
function showErrMsg(message){
        window. alert(message);
}
```

3. 调用函数

使用 Dreamweaver 打开 "register. html" 文件，将调用函数代码加入，其对应代码如下
加粗部分：

...

```
<tr >
```

```
        <td align ="right" class ="tb" width ="100"> <span> 验证码
</span> </td>
        <td width ="838">
        <input type ="text" name ="checkCodeStr" id ="checkCodeStr" size
          ="8" maxlength ="6"
        tabindex ="6" onclick ="getCheckCode('checkCode')"/>
        <input  type ="text" disabled ="disabled" id ="oldChkCode"
        onclick ="getCheckCode('checkCode')" value ="" size ="3"readonly
        ="readonly"/>
        <span id ="imgid" style ="color:red"> * 点击验证码输入框获取验证
          码 </span>
        </td>
    </tr>
    …
```

8.2　主要知识点

　　表单在网页中主要负责数据采集功能。一个表单有三个基本组成部分：表单标签、表单域以及表单按钮。表单标签包含了处理表单数据所用 CGI 程序的 URL 以及数据提交到服务器的方法。表单域包含了文本框、密码框、隐藏域、多行文本框、复选框、单选框、下拉选择框和文件上传框等。表单按钮包括提交按钮、复位按钮和一般按钮，用于将数据传送给服务器上的 CGI 脚本或者取消输入，还可以用表单按钮来控制其他定义了处理脚本的处理工作。

8.2.1　表单

1. 表单的功能

　　表单的功能主要用于申明表单，定义采集数据的范围，也就是 <form> 和 </form> 里面包含的数据将被提交到服务器或者电子邮件里。

2. 表单的标记

表单标记的基本语法格式：

< form action ="mailto:mail 地址或网址" method = get |post enctype

```
="mime"
    target ="..." >
  < input type ="表项名" name ="名" size = x maxlength = y >
  ...
  </ form >
```

其中：

● action = url 指明处理提交表单的格式。它可以是一个 URL 地址（提交给程序）或一个电子邮件地址。

● method = get 或 post 指明提交表单的 http 方法。可能的值为：post：post 方法在表单的主干包含名称/值对并且无需包含于 action 特性的 url 中。get：get（不赞成）方法把名称/值对加在 action 的 url 后面并且把新的 url 送至服务器。这是以前兼容的缺省值，这个值由于国际化的原因不赞成使用。

● enctype = cdata 指明用来把表单提交给服务器时（当 method 值为"post"）的互联网媒体形式。这个特性的缺省值是"application/x - www - form - urlencoded"。

● target ="..."指定提交的结果文档显示的位置。

＿blank：在一个新的、无名浏览器窗口调入指定的文档；

＿self：在指向这个目标的元素的相同的框架中调入文档；

＿parent：把文档调入当前框的直接的父框架集框中，这个值在当前框没有父框时等价于＿self；

＿top：把文档调入原来的最顶部的浏览器窗口中（因此取消所有其他框架），这个值等价于当前框没有父框时的＿self。

8.2.2 表单域

表单域包含了文本框、多行文本框、密码框、隐藏域、复选框、单选框和下拉选择框等，用于采集用户的输入或选择的数据，下面分别讲述这些表单域的代码格式：

1. 文本框

文本框是一种让访问者自己输入内容的表单对象，通常被用来填写单个字或者简短的回答，如姓名、地址等。

代码格式：

```
< input type ="text" name ="..." size ="..." maxlength ="..." value ="..." >
```

属性解释：

● type ="text"定义单行文本输入框；

● name 属性定义文本框的名称，要保证数据的准确采集，必须定义一个独一无二的名称；
- size 属性定义文本框的宽度，单位是单个字符宽度；
- maxlength 属性定义最多输入的字符数。
- value 属性定义文本框的初始值

示例 1：插入一个文本框，名称为 example1，宽度为 20，最多输入字符数 15 个。样式如图 8 – 11 所示。

图 8 – 11　文本框

示例 1 代码：

```
<input type ="text" name ="example1" size ="20" maxlength ="15"/>
```

2. 多行文本框

多行文本框也是一种让访问者自己输入内容的表单对象，只不过能让访问者填写较长的内容。

代码格式：

```
<textarea name ="..." cols ="..." rows ="..." wrap ="virtual"></textarea>
```

属性解释：
- name 属性定义多行文本框的名称，要保证数据的准确采集，必须定义一个独一无二的名称；
- cols 属性定义多行文本框的宽度，单位是单个字符宽度；
- rows 属性定义多行文本框的高度，单位是单个字符宽度；
- wrap 属性定义输入内容大于文本域时显示的方式，可选值如下：

默认值，是文本自动换行。当输入内容超过文本域的右边界时会自动转到下一行，而数据在被提交处理时自动换行的地方不会有换行符出现；

off，用来避免文本换行，当输入的内容超过文本域右边界时，文本将向左滚动，必须用 return 才能将插入点移到下一行；

virtual，允许文本自动换行；

physical，让文本换行，当数据被提交处理时换行符也将被一起提交处理。

示例 2：插入一个多行文本框，名称为 example2，宽度为 20，高度为 2，输入内容大于文本域显示方式为文本换行。如图 8 – 12 所示。

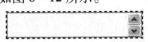

图 8 – 12　多行文本框

示例 2 代码：

```
<textarea name ="example2" cols ="20" rows ="2" wrap ="physical">
</textarea>
```

3. 密码框

密码框是一种特殊的文本域，用于输入密码。当访问者输入文字时，文字会被星号或其他符号代替，而输入的文字会被隐藏。

代码格式：

```
<input type ="password" name ="..." size ="..." maxlength ="...">
```

属性解释：

- type ="password"定义密码框；
- name 属性定义密码框的名称，要保证数据的准确采集，必须定义一个独一无二的名称；
- size 属性定义密码框的宽度，单位是单个字符宽度；
- maxlength 属性定义最多输入的字符数。

示例 3：插入一个密码框，名称为 example3，宽度为 20，最多输入字符数为 15。如图 8 - 13 所示。

图 8 - 13　密码框

示例 3 代码：

```
<input type ="password" name =" example3" size ="20" maxlength ="15">
```

4. 隐藏域

隐藏域是用来收集或发送信息的不可见元素，对于网页的访问者来说，隐藏域是看不见的。当表单被提交时，隐藏域就会将信息用你设置时定义的名称和值发送到服务器上。

代码格式：　`<input type ="hidden" name ="..." value ="...">`

属性解释：

- type ="hidden"定义隐藏域；
- name 属性定义隐藏域的名称，要保证数据的准确采集，必须定义一个独一无二的名称；
- value 属性定义隐藏域的值。

例如：　`<input type ="hidden" name ="ExPws" value ="dd">`

5. 复选框

复选框允许在待选项中选中一项以上的选项。每个复选框都是一个独立的元素，都必须有一个唯一的名称。

代码格式：< input type ="checkbox" name ="..." value ="...">

属性解释：

- type ="checkbox"定义复选框；
- name 属性定义复选框的名称，要保证数据的准确采集，必须定义一个独一无二的名称；
- value 属性定义复选框的值。

示例4：插入两个复选框，第一个名称为 yesky，值为09；第二个名称为 Chinabyte，值为08。如图8-14所示。

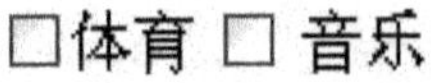

☐体育 ☐ 音乐

图8-14 复选框

示例4 代码：

```
< input type ="checkbox" name =" yesky" value ="09">体育
< input type ="checkbox" name ="Chinabyte" value ="08">音乐
```

6. 单选按钮

当需要访问者在待选项中选择唯一的答案时，就需要用到单选按钮了。

代码格式：< input type ="radio" name ="..." value ="...">

属性解释：

- type ="radio"定义单选按钮；
- name 属性定义单选按钮的名称，要保证数据的准确采集，单选按钮都是以组为单位使用的，在同一组中的单选项都必须用同一个名称；
- value 属性定义单选按钮的值，在同一组中，它们的域值必须是不同的。

示例5：插入性别的单选按钮。如图8-15所示。

◉男 ○女

图8-15 单选按钮

示例5 代码：

```
< input type ="radio" name ="sex" value ="男">男
< input type ="radio" name ="sex " value ="女">女
```

7. 文件上传框

有时候，需要用户上传自己的文件，文件上传框看上去和其他文本域差不多，只是它还包含了一个浏览按钮。访问者可以通过输入需要上传的文件的路径或者点击浏览按钮选择需要上传的文件。

注意：在使用文件域以前，请先确定你的服务器是否允许匿名上传文件。表单标签中必须设置 enctype ="multipart/form - data"来确保文件被正确编码；另外，表单的传送方式必须设置成 post。

代码格式：＜input type ="file" name ="..." size ="15" maxlength ="100" ＞

属性解释：

- type ="file"定义文件上传框；
- name 属性定义文件上传框的名称，要保证数据的准确采集，必须定义一个独一无二的名称；
- size 属性定义文件上传框的宽度，单位是单个字符宽度；
- maxlength 属性定义最多输入的字符数。

示例6：插入一个文件上传框，如图 8－16 所示。

图 8－16　文件上传框

示例6 代码：

＜input type ="file" name ="myfile" size ="15" maxlength ="100"＞

8. 下拉选择框

下拉选择框允许你在一个有限的空间设置多种选项。

代码格式：

＜select name ="..." size ="..." multiple ＞
　　＜option value ="..." selected ＞... ＜/option ＞

...

＜/select ＞

属性解释：

- size 属性定义下拉选择框的行数；
- name 属性定义下拉选择框的名称；
- multiple 属性表示可以多选，如果不设置本属性，那么只能单选；
- value 属性定义选择项的值；
- selected 属性表示默认已经选择本选项。

示例7：插入一个下拉选择框，如图 8－17 所示。

图 8－17　下拉选择框

示例7代码：

```
<select size ="1" name ="education">
    <option value ="" selected ="selected">...</option>
    <option value ="小学">小学</option>
    <option value ="初中">初中</option>
    <option value ="高中">高中</option>
    <option value ="大学">大学</option>
    <option value ="硕士">硕士</option>
    <option value ="博士">博士</option>
</select>
```

 8.2.3　表单按钮

表单按钮用来控制表单的运作。

1. 提交按钮

提交按钮用来将输入的信息提交到服务器。

代码格式：<input type ="submit" name ="..." value ="...">

属性解释：

- type ="submit"定义提交按钮；
- name 属性定义提交按钮的名称；
- value 属性定义按钮的显示文字。

示例8：插入一个发送按钮，如图8-18所示。

发送

图8-18　发送提交按钮

示例8代码：

<input type ="submit" name ="mySent" value ="发送">

属性框设置如图8-19所示。

图8-19　提交按钮属性设置

2. 复位按钮

复位按钮用来重置表单。

代码格式：　< input type = "reset" name = "..." value = "..." >

属性解释：

- type = "reset"定义复位按钮；
- name 属性定义复位按钮的名称；
- value 属性定义按钮的显示文字。

示例 9：插入一个取消按钮，如图 8 - 20 所示。

取消

图 8 - 20　取消按钮

示例 9 代码：

< input type = "reset" name = "myCancle" value = "取消" >

属性设置如图 8 - 21 所示。

图 8 - 21　取消按钮属性设置

3. 一般按钮

一般按钮用来控制其他定义了处理脚本的工作。

代码格式：　< input type = "button" name = "..." value = "..." onClick = "..." >

属性解释：

- type = "button"定义一般按钮；
- name 属性定义一般按钮的名称；
- value 属性定义按钮的显示文字；
- onClick 属性，可以是其他的事件，通过指定脚本函数来定义按钮的行为。

示例 10：插入一个保存按钮，采用一般按钮方式，如图 8 - 22 所示。

保存

图 8 - 22　保存按钮

示例 10 代码：

< input type = "button" name = "myB" value = "保存" onClick = "javascript:
alert('it is a button')" >

8.3 单元小结

本学习情境主要完成注册页面的设计，通过本学习情境的学习，读者能够掌握以下技能：

1）可以使用表格实现规范表单元素的显示；

2）可以使用脚本语言 JavaScript 来实现表单的验证。

8.4 拓展知识

1. 制作完成如图 8 – 23 所示效果图。

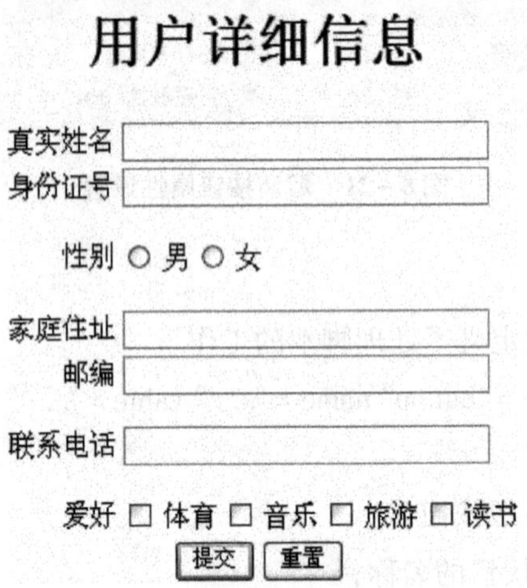

用户详细信息

真实姓名
身份证号

性别 ○男 ○女

家庭住址
邮编

联系电话

爱好 □体育 □音乐 □旅游 □读书

提交 重置

图 8 – 23 拓展知识效果图

2. 填空题。

1）表单包含_____、_____和_____。

2）密码框的类型用_____。

3）表示字符串长度的关键字为_____。

4）_____是用来收集用户的信息和反馈意见，是网站管理者与浏览者之间沟通的桥梁。

3. 选择题。

1）表单提交中的方式有（　　　）。

A. 1 种　　　　　　B. 2 种　　　　　　C. 3 种　　　　　　D. 4 种

2）能够设置成密码框的是（　　　）。

    A. 只有单行文本域　　　　　　　　B. 只有多行文本域

    C. 单行、多行文本域　　　　　　　D. 多行 "Textarea" 标识

3）在表单中，密码文本框和单行文本框最大的差异在于（　　　）。

    A. 密码文本框可以输入十六进制数，而单行文本框不可以

    B. 密码文本框的 type 属性为 password，而单行文本框的 type 属性为 text

    C. 密码文本框可以放入图片，而单行文本框不可以

    D. 密码文本框和单行文本框没有太大的差异

4）下列是可以放置在 < form > 和 </ form > 之间的标记，其中用于定义一个用户可键入多 行文本的标记是（　　　）。

    A. < select >　　　B. < textarea >　　　C. < input >　　　D. < body >

学习情境 9 网站发布与测试

设计好的网站在经过测试之后，才可以上传到服务器上进行发布，从而可以推广自己的网站，让更多的人知道。如何测试网站、发布网站是网站设计者必须要掌握的技能。

学习目标

本学习情境的内容，是帮助读者掌握如何在 Windows XP、Windows 7 和 Windows 2008 操作系统下，测试和发布网站，通过本情境的学习，读者可以掌握以下一些知识和技能：

1. 网站服务工作的基本原理；

2. 网站空间；

3. 能够将自己的网站发布到本地网站服务器上；

4. 能够将自己的网站发布到网络空间里；

5. 能够对网站进行本地和远程测试；

6. 掌握如何申请网站空间的方法。

效果预览

本情境任务完成后的效果图如图 9 - 1 所示。

9.1 任务分解

任务 1 发布网站

【任务内容】

1. 在 Windows XP、Windows 7 以及 Windows 2008 操作系统下安装 IIS；

2. 在上述操作系统的 IIS 中发布网站。

【实现步骤】

1. 本地发布网站

1）Windows XP 系统下发布网站。

（1）安装 IIS 5.1 版。XP 系统下的安装包为 5.1 版本的。可以从 Windows XP 的安装光盘中找到，也可以从互联网上找到 IIS 5.1 的压缩包。查找的办法是在搜索引擎中查找

图9-1　"首页"设计效果图

关键字"IIS XP"。

首先，打开 Windows 的添加删除界面。单击"开始"→"控制面板"，双击"添加或删除程序"，然后单击界面左侧的"添加/删除 Windows 组件"，如图9-2所示。

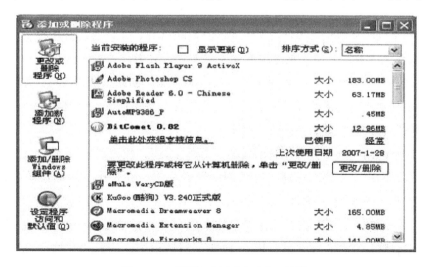

图9-2　"添加或删除程序"对话框

接着，选择 IIS 相关组件。在弹出的"Windows 组件向导"界面里，勾选"Internet 信息服务（IIS）"，如图 9 - 3 所示。

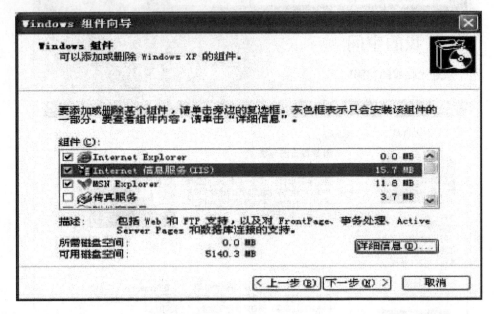

图 9 - 3　"Windows 组件向导"对话框

最后，安装完成。在返回的界面中，单击"下一步"按钮，开始安装 IIS，会打开"插入磁盘"对话框，单击"浏览"按钮，找到 IIS 安装包位置然后单击"打开"按钮。

整个安装过程会弹出数次"所需文件"对话框，在出现的对话框中只需单击"浏览"，选中所需文件后单击"打开"按钮即可，随后会一步一步地安装成功。安装完成后，会在"控制面板"→"管理工具"中创建一个叫"Internet 信息服务"的快捷方式，后面的发布网站就是用这个工具实现的。

【提示】在安装过程中，有时会出现"文件保护"的提示框，这是由于下载的 IIS 文件版本可能和系统现有的相同文件的版本不一致所导致的，弹出安装程序提示框后，只需要将 XP 的安装光盘放入光驱，单击"重试"按钮即可更新相关文件。

（2）发布网站。首先，复制网站代码。在本地磁盘上创建一个文件夹，并将自己的网站代码全部复制到之前创建的文件夹下，如，这里在 E 盘中创建一个文件夹 E：\ 我的空间，并将网站所有代码都复制到该文件夹下。

接着，发布网站代码。打开控制面板的"管理工具"，找到"Internet 信息服务"并双击打开，在打开的窗口左侧，找到"默认网站"并右击，在弹出的快捷菜单中选择"属性"命令，弹出"默认网站 属性"对话框，单击对话框中的"主目录"选项卡，再单击"本地路径"右侧的"浏览"按钮，选择步骤（1）创建的网站路径，如图 9 - 4 所示。

最后，设置默认文档。在"默认网站 属性"对话框中，选择"文档"选项卡，然后在出现的界面中添加默认文档"index. html"，如图 9 - 5 所示。

图 9-4 发布网站

图 9-5 "文档"选项卡

（3）测试发布结果。打开浏览器，在浏览器地址栏中输入 http：//127.0.0.1/并按

Enter 键，如果一切配置正常，将出现博客网站首页，如图 9-6 所示。

图 9-6　Windows XP 下发布网站测试结果

2）在 Windows 7 下发布网站。

（1）在 Windows 7 下安装 IIS。默认下，安装 Windows 7 时没有安装 IIS 功能组件，需要另行安装 IIS 组件。在进行下面的步骤之前，请先将 Windows 7 的安装光盘插入光驱。

首先，打开或关闭 Windows 功能窗口。选择"开始"→"控制面板"→"卸载程序"，然后在出现的界面中，选择左侧的"打开或关闭 Windows 功能"，如图 9-7 所示。

图 9-7　"打开或关闭 Windows 功能"界面

接着，选择 IIS 组件。在出现的窗口中，选择"Internet 信息服务"下的"Web 管理工具"和"万维网服务"组件以及这二者之下的所有项目，单击选择好 IIS 组件后，单击下方的"确定"按钮，就开始安装所选的组件，如图 9 - 8 所示。

图 9 - 8　选择 IIS 组件界面

（2）发布网站。首先，打开 IIS 管理工具。选择"开始"→"控制面板"→"系统和安全"→"管理工具"，进入"管理工具"界面，在"管理工具"界面中双击"Internet 信息服务（IIS）管理器"，进入"Internet 信息服务（IIS）管理器"界面，如图 9 - 9 所示。

图 9 - 9　"Internet 信息服务（IIS）管理器"界面

其次，发布博客站点。在出现的界面左侧选择"网站"，选择其下方的"Default Web Site"，然后右击，在弹出的快捷菜单中选择"管理站点"→"停止"，首先停止默认站点，如图 9 – 10 所示。

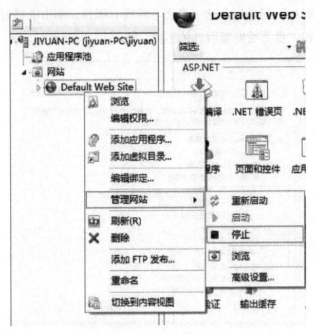

图 9 – 10　停止默认站点

再次，单击左侧的"网站"，然后右击，在弹出的快捷菜单中选择"添加网站"，在弹出的对话框中，设置站点的名称（如：博客网站），并设置网站文件在磁盘的物理路径，如"E：\ 教科书\ 新建文件夹\ 网站"，如图 9 – 11 所示，设置好后关闭窗口即可。

图 9 – 11　"添加网站"对话框

　　最后，在 IIS 信息服务管理器的中间窗口中，找到"默认文档"，并双击打开"添加默认文档"对话框，在选择"添加……"，将网站的首页文件名（教材网站的首页文件名为 index. html）添加到默认文档中，如图 9 – 12 所示。

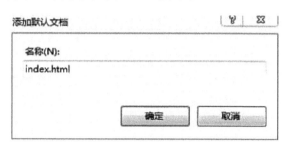

图 9 – 12　"添加默认文档"对话框

　　（3）测试发布结果。测试方法非常简单，只需要打开浏览器，然后在地址栏输入 http：//localhost 即可看到发布网站的内容，如图 9 – 6 所示。

　　3）Windows 2008 操作系统下发布网站。

　　（1）在 Windows Server 2008 下安装 IIS。默认情况下，安装 Windows Server 2008 时没有安装 IIS 功能组件，需要另行安装 IIS 组件。Windows 2008 中安装 IIS 的基本顺序介绍如下。

　　首先，单击"开始"→"程序"→"管理工具"→"服务器管理器"来打开"服务器管理器"界面，如图 9 – 13 所示。

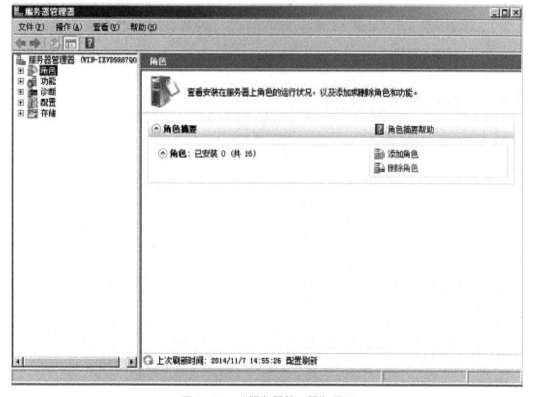

图 9 – 13　"服务器管理器"界面

其次，在"服务器管理器"界面左侧找到"角色"项目并单击，在右侧出现的窗口中单击"添加角色"，如图 9－14 所示。

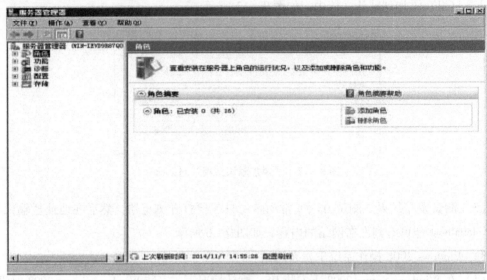

图 9－14 "服务器管理器"界面添加角色

最后，在弹出的"添加角色向导"界面中，选择左侧的"服务器角色"，在右侧的列表中单击选中"Web 服务器（IIS）"前面的复选框（在弹出的对话框中，选择"添加必需的功能"），并单击"下一步"按钮即可完成安装，如图 9－15 所示。

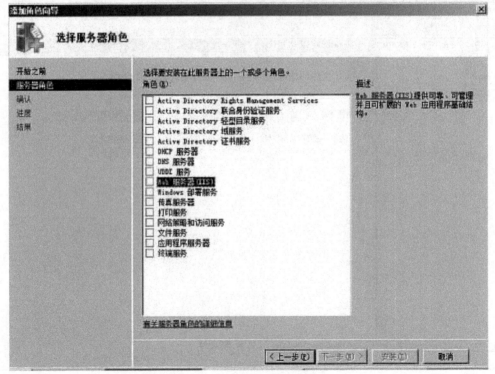

图 9－15 "添加角色向导"界面

（2）发布博客网站。打开 IIS 服务管理器。单击选择"开始"→"程序"→"管理工具"→"服务器管理器"，进入"服务器管理器"界面。具体的发布过程和前面的 Windows 7 环境下的发布过程类似，请读者自行尝试。

（3）测试博客网站。一旦设置完成，就可以在浏览器中访问发布的网站了。访问的方法和前面的完全类似，即在浏览器地址栏中直接输入 http：//localhost 即可。如果配置正常，浏览器中将会出现博客网站首页，和前面的测试结果是完全一样的。

2. 在互联网上发布网站

前面读者已经学习了如何在本地将自己设计的网站发布到不同操作系统下的服务器上，并通过浏览器测试发布的结果。在实际工作中，我们设计的网站一般都要发布到一个在互联网上可以访问的服务器上，这样才能让我们的网站被互联网中的更多的用户访问到。下面就简单地介绍互联网上发布网站的过程。

1）申请网站空间。

要在互联网发布网站，首先必须有自己的发布空间。互联网中的网站空间一般有两种，一种是免费的，另一种是付费的。作为初学者，可以在互联网找到小的免费空间发布自己的站点，这种方式仅仅用于用户自己测试。而要从事商业活动，网站最好以付费的方式发布。在中国万网等网站可以购买到付费的网站空间。读者可以到 http：//www. kudns. com 申请免费空间（笔者无法保证读者拿到教材时，该网站依然能申请免费空间）。由于篇幅有限，注册过程这里就不讲述了，读者按照网站提示操作即可。

注册完成后，网站会提供登录的 FTP 账号和网站的访问域名。

2）上传网站代码。

根据空间提供的信息可以看出，上传网站代码的 FTP 地址为 ftp：//222. 76. 218. 203，登录的账号和密码分别是 12008 和 123456。有了这些信息，就可以将我们的网站发布到服务器上了。发布过程如下：

首先，登录 FTP 服务器。在浏览器地址栏输入 ftp：//222. 76. 218. 203，当提示输入账号密码时，输入上述账号和密码。

【提示】登录完成后，就可以上传网站代码了，但有时会出现在浏览器上无法上传的情况。读者可以直接在打开的任何文件夹的地址栏输入登录网址，从而登录 FTP 服务器，也可以上传网站代码。

接着，将网站的全部代码复制到打开的 FTP 窗口中。

3）测试发布结果。

上传网站代码完成后，就可以像访问正常网站一样访问我们自己发布的网站了。访问的地址可以从申请时提供的信息获得。如笔者申请的网站域名为 http：//12008. 42la. com. cn。同访问常见网站的方法完全一样，只需要我们在浏览器的地址栏中输入待访问的地址即可，图 9 - 16 是访问的结果。

图9－16　互联网上访问我们自己的网站

任务2　测试网站

【任务内容】

1. 在 IE 浏览器上测试网站；
2. 在非 IE 浏览器上测试网站。

【实现步骤】

1. 在 IE 浏览器中测试

在国内，大部分用户使用的 IE 浏览器版本从 5.5 到 11.0，每个版本的安装都比较费事，而且往往不能兼容。所以如果一个个安装 IE 的不同版本进行测试，势必会很麻烦，是不可取的办法。

幸运的是，有个叫 IETester 的软件，专门提供给网站设计者，用来测试 IE 系列浏览器对一个网站的兼容性。读者可以从教材的配套附件中找到这个小软件，也可以从互联网下载到最新版本。下面就以 IETester 作为测试工具对教材中的网站进行测试。

1）安装 IETester。

安装 IETester 的过程和安装一般的软件方法完全一样，只需要双击安装包 install－ietester－v0.4.5 即可，然后按照图9－17 至图9－20 所示的提示安装，即可完成。

2）创建 IE 各个版本浏览器。

安装完 IETester 之后，就可以通过单击"开始"→"程序"→"IETester"，即可启动它，启动后的画面如图9－21 所示。

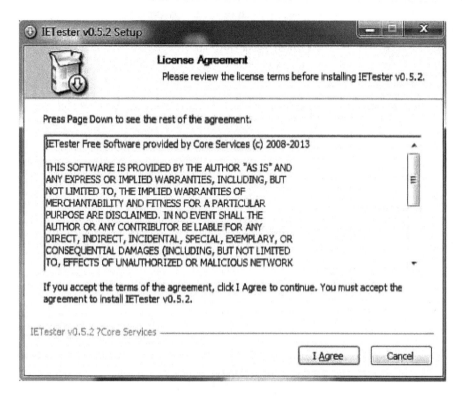

图 9 – 17 安装 IETester

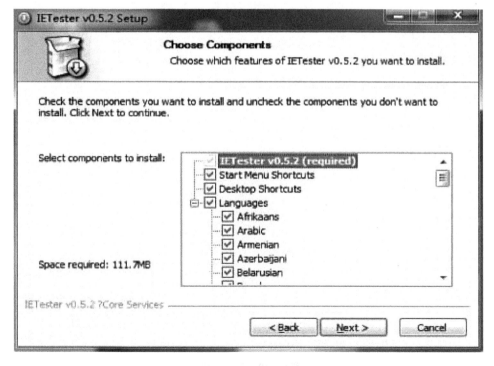

图 9 – 18 选择安装组件

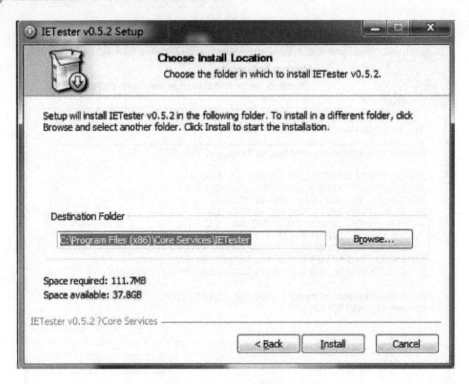

图 9 – 19　指定安装位置

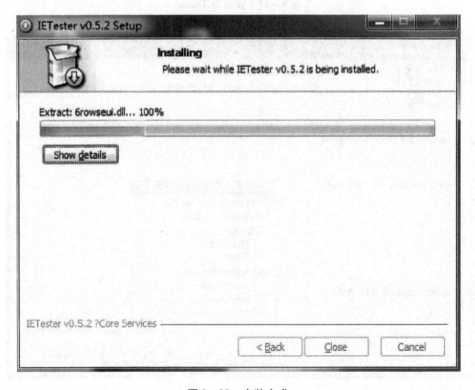

图 9 – 20　安装完成

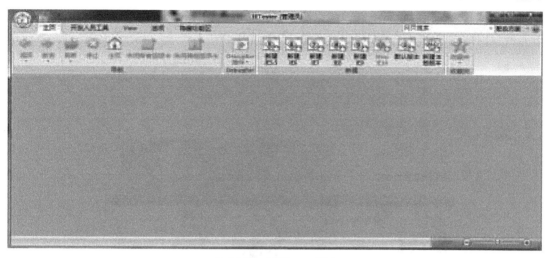

图 9 - 21　IETester 界面

3）测试网站。

要在 IETester 中测试网站，首先需要建立模拟浏览器。创建方法是单击工具栏的"新建 IE 各版本"图标。单击该图标之后，就会出现图 9 - 22 所示的界面，要求选择要创建的浏览器的版本，为了方便后面的测试，我们直接选择所有的版本即可。

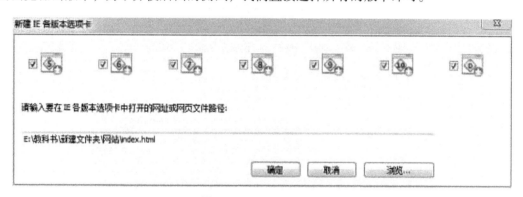

图 9 - 22　IETester 界面

在图 9 - 22 中，要求输入待测试网站的地址，可以单击"浏览"按钮，指定网站首页的位置；也可以在创建虚拟浏览器之后，在虚拟浏览器的地址栏中输入待测试网站的网址。创建了虚拟浏览器之后，结构如图 9 - 23 所示。

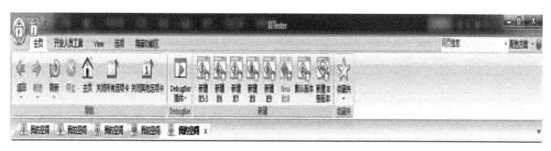

图 9 - 23　IETedter 中创建的虚拟浏览器

在测试时，只需要单击不同的浏览器标签，即可看到测试结果。图 9 – 24 至图 9 – 28 就是教材网站在不同浏览器中的测试结果。

图 9 – 24　IE5 测试结果

图 9 – 25　IE6 测试结果

图 9 – 26 IE7 测试结果

图 9 – 27 IE8 测试结果

图 9 – 28　IE9 测试结果

2. 在非 IE 浏览器中测试

除了 IE 浏览器，还有很多其他的浏览器，如 Firefox 浏览器、Google 浏览器、Opera 浏览器以及 Apple 浏览器等。关于这些浏览器的安装，这里就不再重复介绍了。读者可以到搜索引擎搜索、下载和安装。图 9 – 29 显示了 Firefox 浏览器的测试结果。

图 9 – 29　Firefox 浏览器测试结果

3. 测试结果分析

根据上面的测试结果发现，同一网站在不同的浏览器下的显示效果往往是不同的。测试的结果是：在 IE 5、IE 6 和 IE 7 上，都出现菜单"漂移"现象，另外也出现中间的内容区域"漂移"现象。导致这种现象产生的主要原因是 IE 5、IE 6 和 IE 7 等几个浏览器对 CSS 标准的支持不够。这种现象就是所谓的浏览器的不兼容问题。

对于不同的浏览器出现的兼容性问题，需要网站设计者在网页中加入适合的"Hack"代码。"Hack"代码是通过样式表或脚本语言实现的。

9.2　单元小结

本单元主要完成了网站的发布和测试。在网站的发布中，我们不仅在本地服务器上进行了发布，而且在远程服务器也进行了发布。并且在多种浏览器中进行了测试，给出了产生不同测试结果的原因和解决思路。通过本单元的学习，读者应该能够掌握以下技能：

1）在本地安装 IIS 和发布网站。

2）在互联网发布自己的网站。

3）在不同的浏览器中测试网站，对测试出的问题进行处理等。

9.3　拓展学习

在 Apache 服务器中发布博客网站。

1. 安装 Appserv 服务器

可在百度或者谷歌里搜索"AppServ - win32 - 2.5.9. exe 下载"，就可找到相关的网页，然后在相应的页面中下载 AppServ - win32 - 2.5.9. exe 软件，在 Windows 下使用 AppServ - win32 - 2.5.9. exe 快速配置 PHP 开发环境的操作步骤介绍如下。

1）安装 AppServ。

同其他软件安装过程一样，这里就不再重复了。安装完成后可以在"开始"菜单的 AppServ 相关操作列表中启动 Apache 及 MySQL 服务。

2）测试安装。

安装好 AppServ 后，整个目录默认安装在"C：\ AppServ"，此目录下包含 4 个子目录，用户可以将所有网页文件放到 WWW 目录下。

2. 发布博客网站

把博客网站所在的文件夹"我的空间"复制到目录"C：\ AppServ \ www"下，然后保证 Appserv 服务器处于运行状态。

打开浏览器，然后在浏览器地址栏中输入 http：//localhost/我的空间/或者 http：//127.0.0.1/我的空间/，出现博客网站的首页，证明博客网站发布成功。

9.4   课后题

1. 选择题。

1）下列关于模板的说法正确的是＿＿＿。

1. Dreamweaver 模板是一段 HTML 源代码

2. Dreamweaver 模板可以创建具有相同页面布局的一系列文件

3. Dreamweaver 模板是一种特殊类型的文档，它可以一次更新多个页面

4. Dreamweaver 模板也可以由用户自己创建

2）网页设计与制作技术不可以实现由一个文件来控制多个页面＿＿＿。

    1. CSS 文件   B. JavaScript 文件   C. 模板   D. 表格

3）模板会自动保存在＿＿＿文件夹中，该文件夹在站点的本地根文件夹下。

    1. register   B. Templates   C. skins   D. SpryAAssets

4）下面＿＿＿服务不属于网络服务。

    A. DHCP   B. FTP   C. Web   D. 社区

2. 填空题。

1）Web 服务器（IIS）安装完成后，要判断其是否安装成功，可以通过在浏览器地址栏中输入本地的＿＿＿＿或＿＿＿＿或＿＿＿＿来测试其是否安装成功。

2）默认情况下，安装 Windows 7 操作系统不会自行安装 Web 服务器（IIS），因此，我们必须通过＿＿＿＿中的＿＿＿＿里的＿＿＿＿功能来安装 Web 服务器（IIS）。

3）虚拟目录的好处是＿＿＿＿。

4）模板文件的后缀名为＿＿＿＿。

5）http：//www.yahoo.com.cn/是＿＿＿＿路径。

3. 简答题。

1）创建和管理 Web 网站的主要步骤有哪些？

2）简述物理目录与虚拟目录的区别与联系。

附　录

HTML 标记速查表

1. 文档基础

为 HTML 文档提供基本结构的标记。

元素与属性	定义
< body > … < / body >	标记 HTML，文档体的开始和结束
background = url	指定作为背景的图像
bgcolor = color	指定背景色（color 可以是名字或十六进制数）
text = color	指定文本颜色
link = color	指定页面的链接颜色
alink = color	指定页面的活动链接颜色
vlink = color	指定页面已访问过的链接的颜色
leftmargin = n	指定文档左边与浏览器窗口左边缘的距离
topmargin = n	指定文档上边与浏览器窗口上边缘的距离
rightmargin = n	指定文档右边与浏览器窗口右边缘的距离
bottommargin = n	指定文档下边与浏览器窗口下边缘的距离
bgproperties = fixed	固定背景图像的位置（也就是不让图像滚动）
scroll = yes/no	打开或关闭滚动条
onload = script	载入文档体时启动脚本的事件
onunload = script	卸载文档体时启动脚本的事件
< head > … < / head >	标记 HTML 文档头部的开始和结束
< html > … < / html >	标记 HTML 文档的开始和结束

续表

元素与属性	定义
< title >…</title >	指示 HTML 文档的标题（在头部使用）
<！--…-->	在 HTML 文档中加注释
<！doctype html info >	定义文档所用的 DTD（HTML info 是 DTD 名）
< meta >	提供文档的元信息
http - equiv = name	与 < META > 文档中数据相关的 HTTP 文件头部
content = name	与命名 HTTP 头部相关的数据
name = name	文档的描述
url = url	与元信息相联系的 URL

2. 文本风格类型

这些标记可以改变文档中文本的风格——也就是说，可以改变文本显示的样式。

元素与属性	定义
< b >…</b >	使文本成为黑体
< big >…</big >	使文本成为大字体（通常大一号）
< basefont >	设置文档的缺省字体特性
< blank.>…</blank >	使文本闪烁
size = n	根据值 n 改变字体大小（n 可以是 1 到 7 的任一数字或一个正数）或负数来指示与基本字体大小的偏差
color = color	改变字体颜色（color 可以是名字或十六进制数）
face = fontname	如果本地系统存在指定的字体，则改变字体样式为该字体
< i >…</i >	使文本成为斜体
< marquee >…< marquee >	插入滚动文本的滚动文本框
behavior = behavior	文本滚动形式（SCROLL、SLIDE ALTERNATE）
bgcolor = color	滚动文本框的背景色（color 可以是名字或十六进制数）
direction = direction	文本滚动方向（LEFT 或 RIGHT）
height = n	以像素为单位的滚动文本框高度
width = n	以像素为单位的滚动文本框宽度
hspace = n	滚动文本框周围总的水平空间
vspace = n	滚动文本框周围总的垂直空间
loop = n	文本滚动次数

元素与属性	定义
scrolldelay = n	刷新间隔（以毫秒计）
scrollamount = n	一次刷新滚动的文本数
truespeed	用指定的精确延迟值来滚动文本
< s >…</ s >	给文本加上删除线
< small >…</ small >	以小字体显示文本
< sub >...</ sub >	以下标显示文本
< sup >…</ sup >	以上标显示文本
< u >…</ u >	给文本加上下划线

3. 内容文本类型

这些标记可以改变文档中文本的内容样式。

元素与属性	定义
< address >...</ address >	指示页面的作者、联系信息，等等.
< cite >...</ cite >	指示引用
< code >…</ code >	包含代码（来自计算机程序）
< del >...</ del >	指示文档的以前版本中删除的文本
cite = url	对修改做出说明的文档的位置
datetime = datetime	修改的日期时间（datetime 采用 ISO 标准格式）
< dfn >...</ dfn >	指示一个定义
< em >...</ em >	强调文本
< hn >...</ hn >	指出文档标题（n 为 1（最大标题）到 6（最小标题之间的整数））
align = alignment	设置标题对齐方式（alignment 为 LEFT、CENTER 或 RIGHT 或 JUS-TIFY）
< ins >...</ ins >	指示添加文档的以前版本中的文本
cite = url	指示文档的以前版本中删除的文本
datetime = datetime	修改的日期时间（datetime 采用 ISO 标准格式）
< kbd >...</ kbd >	区分来自计算机的输入和输出
< q >...</ q >	指示来自其他来源的引用
cite = url	指示引用的源文档
< samp >...</ samp >	指示一个文字字符的样本
< strong >…</ strong >	着重强调文本
< var >…</ var >	指示一个变量

4. 文档空间

这些标记控制文档的空间。

元素与属性	定 义
< blockquote > … </blockquote >	创建一个引用块
cite = url	指示引用的源文档
< br >	插入外换行
clear = alignment	清除文本换行（alignment 为 LEFT、RIGHT、NONE 或 A11）
< center > … </center >	文本居中（同 < DIV Align = CENTER > ）
< div > … </div >	在 Web 页面中标记分割
algin = alignment	分割的对齐方式（LEFT、CENTER 或 RIGHT 或 JUSTIFY）
< hr >	加入一条水平线
align = alignment	线的对齐方式为 LEFT、RIGHT 或 CENTER
size = n	指定线的粗度
noshade	使线变黑
width = n%	指定线宽（n 为 0 到 100 之间的整数）
color = color	线的颜色（color 可以为名字或十六进制数）
< multicol > … </multicol >	创建多列文本
cols = n	列数
gutter = n	列间的像素数
width = n	每列的宽度
< nobr >... </nobr >	把文本不加换行符地标记出来
< p > … </p >	创建一个段
align = alignment	段的对齐方式（alignment 为 LEFT、CENTER 或 RIGHT，或 JUS-TIFY）
< pre > … </pre >	指示预格式化文本
width = n	以字符计的文本宽度
spacer	创建水平或竖直间隔
type = type	使用的空间类型（type 可以为 HORIZONTAL、VERTICAL 或 BLOCK）
size = n	水平或垂直空间的大小
width = n	块空间的宽度
height = n	块空间的高度
align = alignment	块空间的对齐方式（alignment 为 LEFT, CENTER 或 RIGHT）
< wbr >	在不能中断的行中加入软回车

5. 表格

这些标记可以在 HTML 3.2 以上的页面中创建表格。

元素与属性	定义
< caption >...</caption >	指定表格标题
align = alignment	对齐方式
< col >	定义表格的基于列的缺省属性
span = n	组跨越的列数
width = n	列宽度（n 是像素或百分比）
< colgroup >	一组表格列的容器
valign = alignment	行入口的垂直对齐方式（alignment 可以为 TOP，MIDDIE、BOTTOM 或 BASELINE）
< table >…</table >	定义一个表格
border = n	以指定粗度显示表格边框
bgcolor = color	定义表格的背景色（color 可以为名字或十六进制数）
bordercolor = color	定义表格边框的颜色
bordercolorlight = color	定义 3D 表格边框亮色部分的颜色
bordercolordark = color	定义 3D 表格边框暗色部分的颜色
background = url	定义表格背景图像的位置
cellspacing = n	设置表单元格之间的空间
cellpadding = n	设置单元格内容与边框之间的空间
cols = n	设置表格的列数
frame = frame	定义表格外边框的显示类型（frame 可以为 VOID、ABOVE、BELOW，HSDES、LHS、RHS、VSIDES、BOX 或 BORDER）
height = n	表格的高度（n 可以为像素或百分比）
rules = rule	定义表格内边框的显示类型（rule 可以为 NONE、GROUPS、ROWS、COLS、ALL
< th >…</th > ，< td >…</td >	定义表格表头 < TH > 或表格数据项 < TD >
rowvspan = n	表格的一个单元格可以覆盖的行数
colspan = n	表格的一个单元格可以覆盖的列数
nowrap	不许单元格内字符回绕
< tr >...</tr >	在表格中新开始一行
< tbody >...</tbody >	定义表格体
< thead >...</thead >	定义表格头部
< tfoot >...</tfoot >	定义表格足部

6. 列表

这些标记可以在文档中创建不同类型的列表。

元素与属性	定义
有序列表	
< ol >...< /ol >	创建一个有序（编号）列表
compact	显示列表的一个压缩版本
type = type	指定所用的顺序类型（type 可以为 A、a、I、i 或 1）
start = n	列表的起始顺序
无序列表	
< ul >...< /ul >	创建一个无序（点圈）列表
compact	显示列表的压缩式版本
type = type	指定所用的点圈类型（type 可以为 CIRCL、DISC 或 SQUARE）（HTML 3.2 +）
< dl >...< /dl >	创建一个术语列表
< menu >···< /menu >	创建一个菜单列表
< dir >...< /dir >	创建一个目录列表
< dt >	在术语表中定义一个术语
< dd >	在术语表中给出定义
< li >	给出一个列表项（在 < OL >、< UL >、< MENU > 或 < DIR > 中）
type = bullet type	在点圈列表中为这个列表及随后的列表指定点圈类型（Bullet type 可以为 CIRCLE、D1SC 或 SQUARE）
type = number type	指定顺序列表中列表入口采用的顺序类型（number type 可以为 A、a、I、i 或 1）
value = n	列表的起始计数 n 为任意整数

7. 链接

这些标记可以用来创建 web 页面、FTP 和 Gopher 站点以及其他 Internet 资源的链接。

元素与属性	定义
< a >···< /a >	定义一个链接锚点
href = url	使用 URL 指示链接目标

元素与属性	定义
name = name	指示文档一个小节的名字以备将来链接时使用
shape = shape	嵌入一个图片中的链接的形状（shape 可以为 circle x，y，r；rect x，y，r，h；polygon x1，y1，x2，y2，…，xn，yn；或者 default）
coords = n	链接形状的坐标
target = target	指示链接的目标窗口
accesskey = character	与 Ctrl 键一起使用的键用于快速切换到该链接
tabindex = n	链接的 tabbing 次序
< base href = url >	定义一个文档中相关链接的 URL（位于文档头部）
< link >	定义当前文档与其他文档之间的关系
rel	定义当前文档与其他文档之间的相关联的类型（也可用于将文档链接到脚本或样式表）
rev	其他文档与当前文档的逆向关联
href = url	引用的 URL
type = mime type	链接的文档的 MIME 类型

8. 图像

这些标记用于页面中操作图像。

元素与属性	定义
< img >	包含一幅内嵌图像
align = alignment	图像的对齐方式（alignment 可以为 TOP、MIDDLE、BOTTOM、LEFT 或 RIGHT）
alt = "text"	图像的文本描述
border = n	以像素计的图片边框大小
height = n	图像的固定高度
width = n	图像的固定宽度
hspace = n	水平环绕空间（以像素计）
vspace = n	垂直环绕空间（以像素计）
i8map	定义图像为图像映射
src = graphic fillename	图像文件名
lowsrc = graphic fillename	图像低分辨率版本的文件名

元素与属性	定义
usemap = url	图像的客户方图像映射的 URL
dynsrc = url	显示的 VRML 世界或视频剪辑的 URL
loop = n	视频剪辑播放的次数
< map >... </ map >	客户方图像映射的链接集合
name = name	图像映射的名字
< area >	客户方图像映射中的链接
cooros = coords	链接位置所在的坐标
href = url	链接的目标
nonref	使图像映射中该区域处于非活动状态
shape = shape	链接的形状类型（shape 可以为 RECT、CIRC、POLY 或 DE-FAULT）
tabindex = n	tabbing 的次数
target = target	链接的目标窗口

9. 表单

这些标记用来创建表单，包括不同类型的输入；它们还指定提交时对表单结果所做的处理。

元素与属性	定义
< form >... </ form >	定义一个表单
action = url	处理表单结果的脚本的位置（URL）
method = method	发送表单输入的方法（method 可以为 GET 或 POST）
enctype = enctvpe	表单数据的编码类型
onsubmit = script	表单提交时启动脚本的事件
onreset = script	表单重设时启动脚本的事件
target = target	指定链接源的目标窗口
输入框	
< input >	创建表单的输入域
type = checkbox file accept = mime type hidden	表单的输入类型，如下所列： 复选框 允许用户附带文件 限制了接收的文件范围 不可见输入

元素与属性	定义
image radio password text submit reset button	返回用户单击图像的位置信息 单选框 密码 单行文本输入 提交表单输入的按钮 重设表单输入的按钮 表单上的普通按钮
name = name	这个输入变量的名字,如同在脚本中看到的(但不在表单中显示)
size = n	定义 TEXT 表单显示的文本大小
maxlength = n	TEXT 输入条目的最大长度
value = "text"	用来初始化 HIDDEN 和 TEXT 域的值,也用于 RADIO 和 CHECKBOX 域
disabled	使域无效以防止输入文本
checked	初始化 CHECKBOX 或 RADIO 域使之被选中
readonly	使域只读,用于 CHECKBOX、PASSWDRD、RADIO 和 TEXT
src = graphic filename	指示用于 IMAGE,SUBMIT 和 RESET 的图像文件名
alt = "text"	图像域的替代文本
align = "align"	表单元素的对齐方式 align 可以为 TOP、MIDDLE、BOTTOM、LEFT 或 RIGHT
tabindex = n	设置 tabbing 次序
usemap = url	图像的客户端图像映射的 URL
onfocus = script	当某一表单成为活动域时启动脚本的事件
onblur = script	当某一表单变成非活动域时启动脚本的事件
onselect = script	当单表中某一文本元素被选中时启动脚本的事件
onchange = script	当某一表单域的值改变时启动脚本的事件
accesskey = character	与 Ctrl 键联用的键,用于快速切换到该链接
< isindex >	定义可搜索的索引
action = url	指示所用的网关程序
prompt = "text"	指示提示符前显示的文本
下拉式菜单	
< option >	指示 <SELECT> 菜单表单中的一个选项
selected	初始化入口使之被选中
value = value	指示这个条目被选中后返回的值

元素与属性	定义
< select > ... </ select >	创建一个选择菜单
multiple	允许选择多个菜单选项
disabled	使菜单无效防止被选中
width = n	菜单的固定宽度
height = n	菜单的固定高度
size = n	菜单高度
文本域	
< textarea > ··· </ textarea >	为表单创建多行文本输入区域（标记之间的所有文本成为表单的初始值）
name = name	输入变量的名字，如脚本中所见（但不在表单中显示）
rows = n	文本区域中的行数
cols = n	文本区域宁的列数
disabled	使表单无效以防止输入
tabindex = n	设置标记顺序位置
wrap = wrap	表单域中采用的文本回绕类型（wrap 可以为 OFF、PHYSICAL 或 VIRTUAL）
< fieldset > ··· </ fieldset >	将表单中一套域集合成组
< legend > ··· </ legend >	指定表单的域集合的说明或标题
align = align	说明的对齐方式（align 可以为 BOTTOM、TOP、LEFT 或 RIGHT 或 CENTER）
按钮	
< button > ··· </ button >	在表单中创建按钮，其标题使用两标记之间的文本
name = name	按钮的名字、用于脚本或作为提交按钮
value = value	按下按钮时传送的值
disabled	防止按钮被按下
type = type	指定按钮类型（type 可以为 SUBMIT 或 RESET）
tabindex = n	设置 tabbing 次序
表单域	
< label > ··· </ label >	表单域的标签
for = id	将标签与属性值为 id 的域匹配
disabled	便标签无效

10. 框架

这些标记可以在文档中创建不同类型的框架。

元素与属性	定义
< frameset >	在文档中定义框架集
cols = n	按列创建框架集中的框架（n 是像素宽度或百分比的集合）
rows = n	按行创建框架集中的框架（n 是像素宽度或百分比的集合）
frameborder = 0 或 1	打开（1）或关闭（0）框架边框
frameborder = yes 或 no	打开或关闭框架边框
border = n	边框的宽度
bordercolor = color	边框颜色（color 可以为名字或十六进制数）
framespacing = n	定义框架之间的空间
onload = script	所有框架载入时启动脚本的事件
onunload = script	所有框架卸载时启动脚本的事件
< frame >	定义一个框架
align = align	框架或环绕文本的对齐方式（align 可以为 LEFT、CENTER、RIGHT、TOP 或 BOTTOM）（Microsoft）
frameborder = yes 或 no	打开或关闭框架边框（Netscape）
marginheight = n	定义框架边缘高度（以像素计）
marginwidth = n	定义框架边缘宽度（以像素计）
name = name	定义框架的目标名
scroll = yes 或 no 或 auto	打开或关闭滚动条
src = url	定义框架的 URL
height = n	框架的高度（n 为像素或百分比）
width = n	框架的宽度（n 为像素或百分比）
< iframe > … < /iframe >	定义浮动框架
bordercolor = color	边框颜色（color 可以为名字或十六进制数）
noresize	固定框架大小使用户不能调整
hspace = n	框架的水平边缘
vspace = n	框架的垂直边缘
< noframes > … < /noframes >	定义用于不支持框架的浏览器的替代文本

11. 多媒体

这些标记可以在 Web 页面中加入 Java app1et，JavaScript 脚本，以及其他多媒体元素。

元素与属性	定义
< applet > ⋯ < /applet >	加入 Java app1et（HTML 3.2 +）
align = align	定义 applet 的对齐方式（align 可以为 BOTTOM、TOP、LEFT 或 RIGHT）
code = filename	定义 app1et 的文件名
archive = archive	用逗号分隔的归档文件列表
object = object	序列化的 app1et 文档
alt = "text"	在 applet 处显示的替代文本
< embed >	加入多媒体对象
height = n	定义对象的高度
width = n	定义对象的宽度
hspace = n	定义对象的水平环绕空间
vspace = n	定义对象的垂直环绕空间
name = name	定义对象名以区别于页面中的其他对象
src = url	定义对象的 URL
codebase = url	定义对象的基 URL
< noembed >... < /noembed >	定义用于不支持对象嵌入的浏览器的替代文本
< object >... < /object >	加入一个多媒体对象
align = align	定义对象的对齐方式（align 可以为 BASEL1NE、CENTER、LEFT、MIDDLE、RICHT、TEXTBOTTOM、TEXTMIDDLE、TEXTTOP）
border = n	定义对象边框的宽度
classid = url	定义用于对象控制的类 ID
codetype = type	定义对象的媒体类型
data = url	定义对象数据的位置
declare	声明一个对象而不启动它
name = url	如果对象在表单中提交则定义其名字
shapes	指示对象含有一定形状的超链接
standby = "message"	定义对象载入时显示的消息
type = type	定义用于对象数据的媒体类型

续表

元素与属性	定义
usemap = url	定义使用的客户方图像映射
tabindex = n	设置 tabbing 次序
< param >	定义传送给 Java app1et 的参数
value = value	定义传送给 app1et 的值
valuetype = type	指定如何解释数据（type 可以为 DATE、REF 或 OBJECT）
< bgsound >	加入背景音乐（Microsoft）
loop = n	定义播放声音的次数
balance = n	定义左右扬声器的平衡（n 为 – 10，000 到 + 10，000 之间的数字）
volume = n	定义音量（n 是从 – 1000 到 0 之间的一个值）
< style >... </ style >	加入一个样式表
type = mime type	样式表的 MIME 类型
title = "text"	样式表的参考信息
< span >⋯</ span >	将样式信息应用于部分文档
< script >⋯</ script >	加入一个脚本
language = language	定义脚本的语言
< noscript >... </ noscript >	定义用于不支持脚本的浏览器的替代标记